U0349386

猕猴桃

• 陈勇 向波 罗承鑫 主编

栽培与病虫害绿色防控
原色生态图谱

中国农业科学技术出版社

图书在版编目（CIP）数据

猕猴桃栽培与病虫害绿色防控原色生态图谱 / 陈勇, 向波, 罗承鑫主编. —北京: 中国农业科学技术出版社, 2018.9
ISBN 978-7-5116-3858-8

Ⅰ. ①猕…　Ⅱ. ①陈…②向…③罗…　Ⅲ. ①猕猴桃-果树园艺-图谱②猕猴桃-病虫害防治-图谱　Ⅳ. ①S663.4-64②S436.634-64

中国版本图书馆 CIP 数据核字 (2018) 第 198559 号

责任编辑	白姗姗
责任校对	贾海霞

出 版 者	中国农业科学技术出版社
	北京市中关村南大街 12 号　邮编：100081
电　　话	（010）82106638（编辑室）　　（010）82109702（发行部）
	（010）82109709（读者服务部）
传　　真	（010）82106650
网　　址	http://www.castp.cn
经 销 者	各地新华书店
印 刷 者	北京富泰印刷有限责任公司
开　　本	880 mm×1 230 mm　1/32
印　　张	4.875
字　　数	131 千字
版　　次	2018 年 9 月第 1 版　2018 年 11 月第 2 次印刷
定　　价	49.90 元

《猕猴桃栽培与病虫害绿色防控原色生态图谱》

编 委 会

前　言

　　猕猴桃属于猕猴桃科猕猴桃属植物，果实中含有多种营养成分，除富含人体所需的 17 种氨基酸及多种微量元素外，还含有丰富的维生素 C，被誉为"水果之王"，受到越来越多消费者的喜爱。

　　为了帮助果农和技术人员尽快掌握猕猴桃种植技术，本书从目前产业发展现状出发，介绍了猕猴桃的生物学特性、猕猴桃常见种类及品种、猕猴桃育苗与建园、猕猴桃整形修剪、猕猴桃土壤、肥料和水分管理、猕猴桃花果管理、猕猴桃采收及采后贮藏保鲜、猕猴桃加工技术、猕猴桃病害诊断及绿色防控、猕猴桃虫害诊断及绿色防控、猕猴桃缺素症识别及防治等。

　　本书围绕农民培训，以满足农民朋友生产中的需求。书中语言通俗易懂，技术深入浅出，实用性强，适合广大农民、基层农技人员学习参考。

编　者

2018 年 8 月

目　　录

第一章 猕猴桃的生物学特性

第一节 形态特征

一、根

猕猴桃的根为肉质根，皮厚；最初为白色，后转为黄色或黄褐色，嫩脆，受伤后会流出液体，即伤流；老根外表灰褐色到黑褐色，有纵向裂纹；主根在幼苗期即停止生长，骨架根主要为侧根；侧根和细根很密集，共同组成发达的根系。幼根和须根再生能力很强，既能发新根，又能产生不定芽；老根发新根的能力很弱，伤断后较难再生。

猕猴桃优良品种根系在土壤温度为8℃时开始活动；25℃时进入生长高峰期，随后生长开始下降；当土壤温度为30℃时，新根生长基本停止。生长在坚硬土层内的根系分布较浅；生长在疏松土壤内的根系分布较深（图1-1）。

图1-1 猕猴桃的根系

二、叶

常规栽培种类的猕猴桃叶大、较薄、脆，容易被风刮烂。早春萌芽后约20天开始展叶，其后迅速生长一个月，当其大小接近总面积的90%左右时，转入缓慢生长至定型。通风透光条件下，定型后的叶片到落叶前的几个月里，光合作用最强，制造和向其他器官输送的养分最多。叶具有光合和呼吸功能，当其光合作用产物大于呼吸作用所消耗的物质时，养分积累并输出供给树体及果实生长发育所需；当呼吸所消耗的物质大于光合产物时，消耗营养。具有营养积累功能的叶叫有效叶，不具有营养积累功能的叶叫无效叶。栽培的目的就是尽可能地提高有效叶总面积，减少无效叶数量。无效叶的种类有幼嫩叶、衰老叶、遮阴叶、病虫害或风等机械伤造成大面积失绿或破损叶。果园管理中增加有效叶面积才能提高果实的产量和品质，进而提高经济效益。

优良品种的叶片面积大、叶厚、色深，光合能力强、养分积累多，供给花芽、树体及果实生长发育的养分多，革质强，抗风害能力强。当然，相同品种的叶片大小和形状因树龄和着生位置会略有差异，但是不同种类、不同品种的猕猴桃叶片形状和叶尖端形状均有较大差异（图1-2）。

图1-2　猕猴桃叶片形状

三、芽

常规栽培的猕猴桃芽由数片具有锈色茸毛的鳞片和生长点组成，被深深地包埋在叶腋间海绵状芽座中。每个芽座中有 1~3 个芽，3 个芽中两侧较小的为副芽，中间较大的为主芽。副芽常呈潜伏状，当主芽受伤或枝条短截时，副芽便萌发生长，有时主、副芽同时萌发。

按芽的性质分为叶芽和混合芽（花芽）。叶芽瘦小，萌发后只抽梢长叶；混合芽肥大、饱满，萌发后不仅抽梢长叶，而且可开花结果。需要注意的是混合芽，即花芽（又称花序芽或花枝芽），因其和葡萄一样，花序是着生在当年萌发的新梢上，所以是栽培猕猴桃时重点培养的对象。混合芽根据枝条上萌发的位置，可分为上位芽、平位芽、下位芽。上位芽背向地面，萌发率高、抽枝旺、结果多；平位芽与地面平行，枝条生长中等、结果较多；下位芽朝地面，萌发率低、抽生枝条衰弱、结果少（图 1-3）。

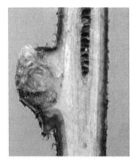

图 1-3 猕猴桃的芽

四、枝蔓

猕猴桃为木质藤本植物，枝蔓比较柔软，需攀缘支撑物生长，其蔓可伸长生长达 10 米左右。根据枝蔓是否带有花芽，可将其分为营养枝蔓和结果枝蔓。根据猕猴桃雌株生长的骨干结构，雌株可分为主干、主蔓、结果母枝（蔓）、结果枝（蔓）、营养枝（蔓）。营养枝蔓主要构成树体的骨架结构或用于结果母枝蔓更新，如主干、主枝蔓、侧枝蔓和未形成花芽的一年生枝蔓。具有开花结果能力的当年生枝蔓，叫结果枝蔓。因为猕猴桃的花芽为混合芽，所以着生在结果枝蔓的母枝上，叫结果母枝蔓。一般选长势中庸、组织充实的枝蔓培养成结果母枝蔓。一般结果母枝蔓的中下端第 7~10 个节位着生的结果枝蔓较多，结果枝蔓于基部 1~7 节位间开始结果，一个结果枝蔓可以着生 3~5 个花序，每个花序可以结果 1~4 个。凡是达到结果年龄的枝条，除基部和蔓上抽生的徒长枝外，几乎所有的新梢都很容易形成花芽，进而形成结果母枝蔓。猕猴桃一年可抽梢 3~4 次，各蔓抽生的长势和生长量自下而上减弱（图 1-4、图 1-5）。

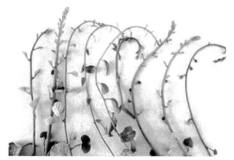

图 1-4 猕猴桃的新梢

图 1-5 猕猴桃的枝蔓

中华猕猴桃和美味猕猴桃的结果枝蔓一般按以下长短进行划分：小于 10 厘米叫超短结果枝蔓（也称丛状结果枝蔓），10~30 厘米叫短结果枝蔓，30~50 厘米叫中结果枝蔓，50~100 厘米叫长结果枝蔓。将软枣猕猴桃天源红的花枝划分为以下五种类型：短缩花枝（0~5 厘米），从基部到顶端均可着花；短花枝（5~10 厘米）；中花枝（10~30 厘米），部分着花可达顶部，一般 3~10 节；长花枝（30~50 厘米）；徒长性花枝（50 厘米以上），着花于枝条的中下部 4~13 节。

　　五、花和花序

　　猕猴桃花从结构上来看属于完全花，具有花柄、花萼、花瓣、雄蕊和雌蕊，但是从功能上来看绝大多数品种属于单性花，分为雌花和雄花。雌花子房发育肥大，多为上位扁球形，柱头多个，心室中有多数胚珠，发育正常；雄蕊退化发育，花丝明显矮于雌花柱头，花药干瘪，有些虽然肉眼观察高度接近，但是花药中没有花粉，或即使有少量的花粉，花粉没有活力，在大蕾期套硫酸纸袋完全隔离外界花粉的情况下自身不能坐果。雄花则雄蕊发达，明显高于子房，花药呈现饱满状态，花粉粒大，花粉量充分且活力强；子房退化很小，呈圆锥形，有心室而无胚珠，不能正常发育。

　　猕猴桃的花序有单花、二歧聚伞花序和多歧聚伞花序。中华猕猴桃每花序多为 1~3 朵（少数品种较多，如金艳），而美味猕猴桃多为单花序或二歧聚伞花序。开花时间和花期长短因品种、雌雄性别、管理水平和环境条件而变化。中华猕猴桃和美味猕猴桃的花初开呈白色，后渐变成淡黄色或棕黄色；花大、美观，具芳香味；缺乏明显的蜜腺组织。

　　有效授粉期是指开花后在花粉管到达胚珠之前，胚囊保持活力和接受花粉能力的天数。有效授粉期的长短除了与柱头的活力、柱头与花粉的亲和力及花粉活力等亲本性状有关外，也与授粉期的温度、湿度等环境因子有关。花期温度较为平稳，

花期持续的时间相对较长，而如果花期温度变化幅度大，则会加速柱头的褐化，使可授粉性降低。

雌性品种以中期开的花质量好，所结果实果形端正；雄性品种以早期花质量高，所以选配雄性授粉品种时，以其初花期正对上雌性品种的盛花期为宜。开花前1天至其后第二天，花柱呈现纯白色而且鲜亮，从开花第三天开始柱头逐渐变黄、变干，第五天开始变黄褐、焦枯（图1-6、图1-7）。

图1-6　猕猴桃的雌花

图1-7　猕猴桃的雄花

六、果实

猕猴桃是中轴胎座多心皮浆果，倒生胚珠，寥型胚囊。果实形状不一，有圆形、长椭圆形、椭圆形或扁圆形等；果皮颜色有绿色、黄色、褐色、红色等；表面被毛情况分为有毛、无毛两种类型，有毛类型根据毛的分布可分为稀毛、中毛、多毛，根据生长状态可分为短茸毛、茸毛、硬毛、糙毛等不同类型。内、外层果肉颜色可分为绿色、黄色、橙色、红色等各种类型，目前生产上栽培品种多为选自绿色果肉的美味猕猴桃和黄色或内果皮为红色果肉的中华猕猴桃，也有极少量的全红型或绿肉型的软枣猕猴桃。中华猕猴桃和美味猕猴桃品种在正常的管理和气候条件下较少发生采前落果现象，软枣猕猴桃有少量采前落果现象。同一品种栽培在不同地区和条件下，品质表现有差异，体现出区域适应性，引种时应注意（图 1-8、图 1-9、图 1-10）。

猕猴桃按果实成熟期一般可分为早熟、中熟、晚熟和极晚熟品种。早熟品种指 8 月达到成熟度而能够上市的品种，中熟品种指 9 月上市的品种，晚熟品种指 10 月上市的品种，极晚熟品种指 11 月上市的品种。目前尚未发现 7 月成熟的极早熟品种，也未培育出早熟的美味猕猴桃品种。由于猕猴桃种植地域较大，很难用地方成熟期来衡量，所以只能以达到采收成熟度、能够上市为准。

图 1-8　黄肉果实猕猴桃　　　　图 1-9　绿肉果实猕猴桃

图 1-10　红心及红肉果实猕猴桃

七、种子

猕猴桃的种子较小，形状多为扁长圆形，成熟新鲜的种子多为棕褐色或黑褐色，干燥的种子呈黄褐色或红褐色，表面有网纹（图 1-11）。经相关部门测定，猕猴桃籽粒中含油率平均为 28.85%，其中不饱和脂肪酸含量高达 90.37%，而亚油酸、亚麻酸含量平均占不饱和脂肪酸的 74.83%。

图 1-11　猕猴桃种子

第二节　生长发育特性

一、根的生长

猕猴桃根系的生长随一年气候的变化而变化。根系在土壤温度 8℃时开始活动，20℃左右进入生长高峰期，若温度继续升高，生长速率开始下降，30℃左右时新根生长基本停止。在温暖地区，只要温度适宜，根系可常年生长而无明显的休眠期。

根系的生长常与新梢生长交替进行，第一次生长高峰期出现在新梢迅速生长后的 6 月，第二次生长高峰期在果实发育后期的 9 月。在高温干旱的夏季和寒冷的冬季，根系生长缓慢或停止活动。

二、枝蔓的生长

猕猴桃新梢全年的生长期为 170～190 天。在北方地区，一般有 2 个生长阶段,从 4 月中旬展叶到 6 月中旬大部分新梢停止生长,为第一个生长期,在 4 月末到 5 月中旬形成第一个生长高峰期;7 月初大部分停止生长的枝条重新开始生长起到 9 月初枝条生长逐渐停止为第二个生长期,在 8 月上中旬形成第二个生长高峰期。在南方地区,9 月上旬到 10 月中旬还会出现第三个生长期,并在 9 月中下旬形成第三个生长高峰期,但强度比前两次高峰要小得多。

枝蔓生长动态枝条的加粗生长主要集中于前期,5 月上中旬至下旬加粗生长形成第一次高峰期,至 7 月上旬又出现小的增粗高峰,之后便趋于缓慢增粗,直至停止。

三、叶的生长

猕猴桃叶片生长是从芽萌动开始,展叶以后随着枝条生长而生长,当枝条生长最快的时候,叶子生长也最迅速。正常叶从展叶到最终叶面大,需要 35~40 天。展叶后的第 10~25 天是叶片迅速生长期,此期的叶面积可达到最终的叶面积 90% 左右。

叶龄小于 22 天的叶片制造的光合产物不能满足本身生长的需要,要不断从成龄叶输入碳素营养物质;叶龄 22~24 天时叶片的光合产物输入和输出达到平衡,叶片光合作用已能满足本身需要,但不能进行光合产物净输出。从展叶后 25 天起,叶片制造的光合产物除满足本身需要外已有剩余,开始大量输出光合产物。

第三节 开花结果特性

一、花芽分化

猕猴桃在当年夏秋季完成生理分化形成花芽原基后,直到翌年春季形态分化开始前,花器原基只是数量增加,体积变肥大,形态上并不进行分化,从外观上无法与叶芽相区别。猕猴桃的花芽为混合芽，着生在1年生母枝当年抽生出的新梢叶腋间。休眠的越冬芽由1个肥大的叶柄痕包被着，未萌动前顶芽平齐，芽外密被棕褐色茸毛。直到盛花前70天左右才进入形态分化期，而形态分化期时间很短，速度很快，从芽萌动前10天左右开始，到开花前1~2天结束。

越冬芽的发育进程为：春季3月上旬猕猴桃的越冬芽开始萌动，芽体上端由平顶变为突起，在叶腋间出现1个微小的突起物。新梢上萌发的混合芽在萌发后可以分化成花枝和营养枝。花芽发生在离冬芽基部较远的叶原基腋间，花芽原基膨大隆起，逐渐发育成包片。花序开始发育的最早标志是腋芽原基的伸长和两侧生包片的显现，产生明显的三裂片结构。花芽萌发4~7天后，苞片腋部出现聚伞状花序原基，两侧产生萼片原基。

在较低部位的叶腋内，由于顶花分生组织在发育过程中受到抑制，侧生花与顶花融合，使这些花发生畸变，开花授粉后产生畸形果，有些畸变甚至是3朵花融合而成的，在结果枝基部的第1、第2个果上出现的概率较高。这种现象在开花坐果前从花蕾的形态就大致可以辨别出来，凡呈扁平状或畸形而非近圆形的花蕾将来很可能形成畸形果实（图1-12）。

图1-12　畸形果

二、开花特性

猕猴桃植株的花量与品种、树龄、生态环境及管理水平有

关，生长正常的雌性品种海沃德的成龄植株平均花量有 3 000 朵
左右，而秦美、金魁、布鲁诺的花量较海沃德品种高。成龄的
雄株的花量显著地高于雌株，可达 5 000~10 000 朵。

猕猴桃的雌花从显蕾到花瓣开裂需要 35~40 天，雄花则需
要 30~35 天。雌株花期多为 5~7 天，雄株则达 7~12 天，长的
可达 15 天。花初开放时呈白色，后逐渐变为浅黄色至橙黄色。
雌花开放后 3~6 天落瓣，雄花为 2~4 天落瓣。

花期因种类、品种而差异较大，同时受环境的影响也很大。
美味猕猴桃品种在陕西关中地区一般于 5 月上旬和中旬开花，
中华猕猴桃品种一般较美味猕猴桃早 7~10 天。

在 22℃下，用 10% 的蔗糖加 0.01% 硼酸的培养基上摇床培
养 3.5 小时，以测定花粉的生活力，一般早熟雄株系的花粉发
芽率超过 80%，中晚熟株系在 65%~70%。但在管理不良的果
园，如架面郁闭严重、营养不良等时，花粉会萌发产生大量不
正常扭曲、盘绕或叉状的花粉管。

三、授粉受精

自然状态下，昆虫及风均可为猕猴桃传花授粉。雌蕊的柱
头为辐射状，表面有许多乳头状突起，分泌汁液。受过粉的柱
头为黄色，未受粉的为白色。花粉管的适宜伸长温度为 20~
25℃，15℃ 伸长较差，而在 30℃ 时初期伸长良好，2 小时后极
端衰弱，4 小时后伸长停止。据赤井昭雄在实验室用显微镜观
察，10℃ 下授粉后 11 小时花粉开始发芽，57 小时后花粉管抵达
花柱基部，84 小时后进入子房。而 15℃ 下授粉后 4 小时花粉开
始发芽，36 小时后花粉管通过花柱中部，60 小时后进入子房。
在 20℃ 下授粉后 2 小时花粉开始发芽，24 小时后花粉管抵达花
柱基部，36 小时后进入子房。在 25℃ 下授粉后 1 小时花粉开始
发芽，2 小时后进入花柱，4 小时后花粉管通过花柱中部，24 小
时后进入子房。雌花受精后的形态表现为：柱头受粉后第 3 天
变色，第 4 天枯萎，花瓣萎蔫脱落，子房逐渐膨大。

人工授粉时，如果将花粉直接放在水里制成悬浮液，会使花粉由于渗透压的剧烈改变而丧失生命力。经过一系列试验，Hopping 等发现由 $Ca(NO_3)_2$+H_3BO_4+纤维素胶（重量与体积百分比各为 0.01%）+阿拉贝树胶（重量与体积百分比为 0.005%）组成的悬浮基效果好，但同时还要求水中没有金属离子，花粉的含水量超过 10%。花粉在这种悬浮液中可保持生命力 3 小时，同时可保护落在柱头上的花粉在悬浮液滴干燥过程中免受脱水为害。

从授粉后 60 天双细胞胚开始分裂，到发育成具有 2 片完整子叶的子叶胚，约需 50 天。即从开花到胚发育完成约 110 天。在胚发育完成时，种子内仍有部分胚乳细胞存在。

四、结果习性

猕猴桃容易早结果。实生苗一般是在 2~4 年开始开花结果，5~7 年进入盛果期。嫁接苗翌年就可开花结果，特别是中华猕猴桃品种，在苗圃即可见到开花结果植株（图 1-13），一般 4~5 年后进入盛果期，株产 15~20 千克，亩产（1 亩≈666.7 平方米。全书同）可达 1 500~2 000 千克。如能提高管理技术水平，有的嫁接苗亩栽 110 株，创下了栽后翌年亩产 500 千克，第六年亩产 3 277 千克的良好成绩。

图 1-13　苗圃开花结果植株

猕猴桃成花容易，坐果率高，一般无落果现象。在山东潍坊地区实生苗定植后翌年开花株率为 6.5%，第三年开花株率为 52.8%，第四年获得亩产 431 千克的果实。可溶性固形物为 13%~21%。如果选用良种嫁接苗，结果年龄会更早，一般 2~3 年结果，4~6 年进入盛果期，株产可达 10~20 千克，高的可达 50 千克以上。为了不影响猕猴桃的发育，前三年最好不要挂果。

第四节 物候期及对栽培环境条件的要求

一、物候期

物候期指果树在 1 年中随着四季气候变化，有节奏地进行各种生命活动的现象，是在长期进化过程中形成的与周围环境相适应的特性。了解猕猴桃的物候期，有助于认识环境条件对猕猴桃的影响，为在生产中采取适宜的栽培管理措施提供依据。

温度是影响猕猴桃物候期的主要因素，所以海拔、湿度、光照、坡向等凡能影响温度变化的因素都能间接地影响物候期的变化。由于猕猴桃分布地区很广，各地的自然条件也不一致，因而在不同地区和不同年份猕猴桃的物候期也有差异。猕猴桃的种类不同，物候期差异很大，中华猕猴桃品种的物候期一般比美味猕猴桃早 7~10 天；在同一种类中，品种之间的物候期差异也很大。美味猕猴桃中，海沃德品种的物候期明显比其他品种晚；同一品种在不同的栽培区域物候期也显著不同。

二、对环境条件的要求

(一) 温度

猕猴桃的大多数种类和品种要求亚热带或暖温带湿润和半湿润气候。早春寒冷，晚霜低温，盛夏高温，常常影响猕猴桃生长发育。在年均气温 11.3~17.9℃ 的条件下生长良好。

（二）光照

多数猕猴桃种类喜半阴环境。幼苗期喜阴凉，忌阳光直射；成年结果树要求充足的光照。猕猴桃是中等喜光果树，要求日照时数为 1 300~2 600 小时，喜漫射光，忌强光直射，光照强度以正常日照的 40%~45% 为宜。

（三）水分

猕猴桃喜凉爽湿润的气候，不耐涝，在渍水或排水不良时常不能生存。在年降水量 740~1 800 毫米的区域比较适宜。

（四）土壤

猕猴桃喜土层深厚、疏松肥沃、排水良好、腐殖质含量高的沙质土壤，忌黏性重、易渍水及瘠薄的土壤，最适 pH 值 5.5~6.5。

第二章　猕猴桃常见种类及品种

第一节　常见种类

一、按照系统来源分类

猕猴桃主要分为美味猕猴桃、中华猕猴桃、毛花猕猴桃、软枣猕猴桃和种间杂种猕猴桃。目前主栽的品种多数属于美味猕猴桃和中华猕猴桃，少数来源于毛花猕猴桃、软枣猕猴桃、种间杂种猕猴桃。

（1）美味猕猴桃。嫩枝具黄褐色或红褐色硬毛，叶背和叶柄也被有糙毛。芽基大而突出，芽体大部分隐藏。聚伞花序，花朵较大。果面被长硬毛，果形多变。花期5月上中旬，果实成熟期为9—10月。

（2）中华猕猴桃。一年生枝无毛或被茸毛，毛秃净、易脱落。芽体外露，球形，外被芽鳞。叶片纸质，老叶革质。聚伞花序，初花期时花呈白色，后变为淡黄色。果形多变，果面被柔软茸毛，并易脱净。花期4月下旬至5月上旬，果实成熟期为9月。

相对来说，美味猕猴桃品种长势较中华猕猴桃强旺、果个较大，产量较高、成熟较晚、货架期较长；而中华猕猴桃中多早熟品种，果实较美味猕猴桃偏甜。

二、按照果心分类

颜色分类主要分为：绿心猕猴桃、黄心猕猴桃和红心猕猴桃。

（一）绿心猕猴桃（图 2-1）

果心颜色为绿色的猕猴桃品种的总称。目前生产中仍以绿心猕猴桃的品种为主，如海沃德、秦美等。

图 2-1　绿心猕猴桃

（二）黄心猕猴桃（图 2-2）

果心颜色为黄色的猕猴桃品种的总称。其果型一般为长圆柱形，单果重约为 100 克，果面较光滑，茸毛较少。

图 2-2　黄心猕猴桃

由于其品质优良，也极具发展前途，近年部分地区把黄心猕猴桃称为"黄金果"。其主要品种有金桃、金阳、金霞、金丰、庐山香、金旱等。

（三）红心猕猴桃（图 2-3）

果心颜色为红色的猕猴桃品种的总称。红心猕猴桃果肉细嫩，香气浓郁，口感香甜清爽，酸度较低。绿色果肉中间有红色的果心，易使人有"看之饱眼福、食之饱口福"的感受，效益较高。主要品种有红阳、红华、红美、楚红等。

图 2-3　红心猕猴桃

除了以上 3 种主要的分类方式以外，猕猴桃还可以按照雌、雄分为雌性品种和雄性品种；或者按照成熟期分为早熟品种（9月上中旬）、中熟品种（9 月下旬）、晚熟品种（10 月上中旬）、极晚熟品种（10 月下旬至 11 月上旬）；或者按照果实的利用途径分为鲜食品种、加工品种及鲜食和加工兼用型品种。

第二节　美味猕猴桃品种

一、翠香（西猕九号）

（一）选育单位及审定时间

系西安市猕猴桃研究所选育，于 2008 年通过陕西省果树品种审定委员会审定。

（二）品种性状

该品种果实美观端正、整齐、椭圆形（与新西兰 Hort-16A 相似），横径 3.5~4 厘米，长 7~7.5 厘米；最大单果重 130 克，平均单果重 82 克，单株树上有 70% 的果实单果重可达 100 克，商品率 90%；果肉深绿色，味香甜，芳香味浓，品质佳，适口性好，质地细而果汁多；可溶性固形物可达 17% 以上，总糖含量 5.5%，总酸含量 1.3%，维生素 C 含量为 1 850 毫克/千克鲜果肉。该品种具有早熟、丰产、口感浓香、果肉翠绿、抗寒、抗风、抗病等优点（图 2-4）。

图 2-4　翠香

二、金硕

（一）选育单位及审定时间

系湖北省农业科学院果树茶叶研究所选育，于 2009 年通过湖北省林木品种审定委员会审定。

（二）品种性状

果实长椭圆形，整齐美观，单果重 120 克左右，果面密被黄褐色短茸毛，果点小；果实后熟后易剥皮，食用方便；果心呈浅黄色、长椭圆形，果肉翠绿，肉质细腻，风味浓郁；可溶性固形物含量最高达 17.4%，可滴定酸 1.8%，总糖含量 9.2%，维生素 C 含量为 724~1 040 毫克/千克；耐贮性强，常温条件下可贮藏 20~30 天，货架期 7~10 天。

三、海艳

（一）选育单位及审定时间

系江苏省海门市三和猕猴桃服务中心选育，于 2010 年 9 月通过江苏省农作物品种审定委员会审定。

（二）品种性状

果实长圆柱形，平均单果重 90 克，最大单果重 120 克；果皮青褐色，有短茸毛；果心细柱状，乳白色，质软可食；果肉翠绿色，肉质细，汁液多，有香气，风味甜，品质好；可溶性固形物含量 18.2%，总糖含量 11.69%，总酸含量 1.07%；在江苏省海门市，果实 8 月中下旬成熟，果实发育期 90~100 天，是极早熟品种。

四、红什1号

（一）选育单位及审定时间

系四川省自然资源科学研究院选育，于 2011 年通过四川省农作物品种审定委员会审定。

（二）品种性状

该品种平均单果重 85.5 克，果皮较粗糙，黄褐色，具短茸毛，易脱落；果肉黄色，子房鲜红色，呈放射状；可溶性固形物含量 17.6%，维生素 C 含量 1 471 毫克/千克，总糖含量 12.0%；抗旱性和抗病力较强，抗涝力较弱。定植后第三年全部结果，第四年进入盛果期。株产 20~30 千克，每公顷产量达 15 000~22 500 千克。

第三节　中华猕猴桃品种

一、晚红（图2-5）

（一）选育单位及审定时间

系陕西省宝鸡市陈仓区桑果工作站等单位选育，于2009年通过陕西省果树品种审定委员会审定，被陕西省果业管理局列为秦巴猕猴桃产区中晚熟新品种推广栽培。

（二）品种性状

果实长椭圆形，果个均匀、整齐，平均单果重91克，最大单果重132克，较红阳（平均单果重75克，最大单果重130克）大；果顶突出或平，梗洼浅，而红阳果实顶部稍大（图2-5、图2-6），萼洼内陷；果面绿褐色，皮厚，被褐色软毛；果实成熟后果肉黄绿色，红心，质细多汁，味甜爽口，风味浓香，品质优。10月中旬采收，可溶性固形物含量16.44%，维生素C含量972毫克/千克，总酸含量1.19%，总糖含量12.05%；后熟期20~30天，室温下可贮放40天左右，在0.5℃冷藏条件下可贮存4个月。果实软熟后仍能维持可食状态2周以上，较红阳货架期长1周。

图2-5　晚红

图 2-6　红阳

二、华金

(一) 选育单位及审定时间

系河南省西峡猕猴桃研究所选育，于 2010 年通过河南省科学技术厅组织的科技成果鉴定。

(二) 品种性状

果实圆柱形，平均单果重 96 克，最大单果重 167 克，果实浅棕黄色或棕黄色；果心小且软，果肉黄绿色，肉质细，汁液多，香气浓郁，风味浓甜；可溶性固形物含量 15.50%～16.80%，总糖含量 10.18%，总酸含量 0.82%，维生素 C 含量 1 210~1 720 毫克/千克；在河南省西峡县，果实 9 月中旬成熟，属于早熟品种。

三、源红

(一) 选育单位及审定时间

系湖南省园艺研究所和长沙楚源果业有限公司选育，于 2010 年通过湖南省种子管理局组织的现场评议。

(二) 品种性状

该品种果实近椭圆形，平均单果重 59.8 克；果顶部略凹陷，果面光洁无茸毛，果皮深绿色，光滑细腻、皮孔小；果实为红心类型，肉质细嫩多汁，风味浓甜；可溶性固形物含量17.6%，维生素 C 含量 2 040～2 580 毫克/千克；8 月上旬达到采收成熟度，贮藏性优异，红心性状稳定；较抗高温干旱，抗病虫害能力较强。

四、丰硕

(一) 选育单位及审定时间

系湖南省园艺研究所和长沙楚源果业有限公司选育，于2010 年通过湖南省种子管理局组织的现场评议。

(二) 品种性状

果实卵圆形，平均单果重 110 克；果顶平坦，果面光滑无毛，果皮黄绿色，色泽光亮，整齐度高；果肉黄绿色，肉质细嫩，风味浓甜；可溶性固形物含量 18.0%，维生素 C 含量 1 560毫克/千克；丰产性好，成熟期为 9 月中下旬；较抗高温干旱，抗病虫害能力较强。

五、金怡

(一) 选育单位及审定时间

系湖北省农业科学院果树茶叶研究所选育，于 2011 年 5 月获得农业部植物新品种保护授权，品种权号为 CNA20080411.1。

(二) 品种性状

果实短圆柱形，平均单果重 70 克，最大单果重 110 克；果皮暗绿色，果面绒毛稀少，有小而密的果点；果肉黄绿色，肉质细腻，风味浓郁；含可溶性固形物 17.0%～20.0%，可溶性总糖12.1%，可滴定酸 1.28%，维生素 C 1 322毫克/千克；在武汉地区 9 月上旬成熟。

第四节　其他品种

一、红宝石星

（一）选育单位及审定时间

系中国农业科学院郑州果树研究所选育，于 2008 年通过河南省林木良种审定委员会审定，并于同年进行农业部新品种保护登记。

（二）品种性状

果实长椭圆形，平均单果重 18.5 克，最大单果重 34.2 克；果实横截面为卵形，果喙端形状微尖凸，果皮光洁无毛，其上均匀分布稀疏的黑色小果点，果肩形状方形；成熟后，果皮、果肉和果心均为玫瑰红色，而且无须后熟即可食用；果心较大，种子小且多，果实多汁；可溶性固形物含量 15.0% 以上，总糖含量 12.1%，总酸含量 1.12%。果实在 8 月下旬至 9 月上旬成熟，适于带皮鲜食，或做成"迷你"猕猴桃精品果品，并适于加工成红色果酒、果醋、果汁等；该品种适应性较强，成熟期不太一致，有少量采前落果现象，不耐贮藏（常温下贮藏 2 天左右），所以栽培时需要分期、分批采收，推荐休闲果园栽培。

二、天源红

（一）选育单位及审定时间

系中国农业科学院郑州果树研究所选育，于 2008 年通过河南省林木良种审定委员会审定，并于同年进行农业部新品种保护登记。

（二）品种性状

果实卵圆形或扁卵圆形，平均单果重 12.02 克；平均果梗长度 3.2 厘米，果实光洁无毛，成熟后果皮、果肉和果心均为红色；可溶性固形物含量 16%，果实有香味，味道酸甜适口；果实在 8 月下旬至 9 月上旬成熟；适于带皮鲜食、做成贝贝猕猴桃精品果品，并适于加工成果酒、果醋、果汁等，推荐休闲果园栽培。

三、华特

（一）选育单位及审定时间

系浙江省农业科学院园艺研究所选育，于 2008 年获得农业部植物新品种保护授权，品种权号为 CNA20050673.0。

（二）品种性状

果实长圆柱形，单果质量 82~94 克，是野生种的 2~4 倍，最重达 132.2 克；果皮绿褐色，密集灰白色长绒毛；果肉绿色，髓射线明显，肉质细腻，略酸，品质上等；可溶性固形物含量 14.7%，总糖含量 9.00%，可滴定酸含量 1.24%，维生素 C 含量 6 280 毫克/千克；结果能力强，少量落花落果，徒长枝和老枝均可结果；果实常温下可贮藏 3 个月。

第三章　猕猴桃育苗与建园

第一节　品种选择的依据

一、生态适应性

以良种区域化，再配以优良的栽培管理技术，才能实现猕猴桃栽培的高产、稳产、优质、高效的目标。在栽培时间短、尚未实现规模化、产业化发展的地区，尤其应做好品种的引种、观察、筛选工作，建立良种区试基地，明确当地的最适栽培品种后，再大面积推广。

二、市场需求

对一个优良品种来说，最基本的要求是大果、优质、结果早、易丰产、耐贮运，品种的风味、口感应该适合当地群众的习惯。必须要考虑品种布局，应早、中、晚熟搭配，鲜食与加工品种搭配。适当减少中熟品种的发展，加大早熟、晚熟、极晚熟品种的栽培面积。将要发展的品种替代原有老品种，或者新发展品种的成熟期是原有品种群的上市空档。

三、效益最大化

将发展的品种在本地必须生长良好，栽培管理容易，抗逆性强，抗病虫能力强。近几年，红心、黄心猕猴桃新品种相继出现并开始推广，具有很好的发展前景。一些特异品种，如白果品种、观赏品种也可以适量发展，以满足市场消费多样化的需求。

第二节　育　苗

苗木繁殖是猕猴桃优质丰产栽培的重要基础与技术环节，苗木质量的好坏直接影响猕猴桃结果及其产量、品质和经济寿命。自 1978 年以来，我国在借鉴新西兰猕猴桃产业苗木繁殖相关技术的基础上，针对我国特定的气候及栽培区域环境条件开展了猕猴桃繁殖方法的试验研究，并随着产业的迅速发展，建立了猕猴桃商品苗圃，不断研究和改进育苗方法和技术，保证了产业化发展中优质苗木的需求。

一、实生苗培育

（一）种子采集

种子采集是育苗成功的基础，选择充分成熟的果实取种，清洗出的种子放在室内摊薄晾干，然后用塑料袋封装后放入 10℃以下低温冰箱贮藏备用。

（二）种子处理

猕猴桃成熟的种子有休眠期，处在该时期的种子，即使温度、水分、空气等条件都已具备也不会发芽。必须创造适宜的外界条件，让种子度过休眠期，才能提高种子的发芽率和发芽整齐度。打破种子休眠主要用沙藏层积和变温处理 2 种方法，其次是用激素处理。

（1）沙藏层积。将阴干的种子与 5~10 倍的湿润清洁消毒过的细河沙拌匀，细河沙湿度以用手捏能成团、松开团能散为宜，沙的含水量约为 20%，然后将混匀好的种子用纤维袋（或木箱）装好，埋在室外地势高、干燥的庇荫处，并用稻草和塑料膜等覆盖，既防止雨雪侵袭又保证通透性，防止种子发霉腐烂。拌沙前种子用温水（开水和凉水的比例为 2：1）浸泡 1~2 天，效果更好。沙藏时间以 40~60 天最好，应不少于 30 天。

（2）变温处理。将种子放在4.4℃条件下6~8周，可以显著提高种子发芽率；或将种子放在4.4℃条件下2周以上，再进行变温处理，夜间10℃、白天20℃；或将种子贮藏于塑料袋内，放在4℃条件下5周，然后再经16小时的21℃和8小时的10℃变温处理，能得到更高的发芽率。

（3）激素处理。播种前用2.5~5.0克/升的赤霉素浸种24小时，亦可取得变温处理同样的效果。

（三）苗圃建立与播种

选择背风向阳、灌排方便的地方建苗圃，以富含有机质、疏松肥沃、呈中性或微酸性的沙质壤土播种为宜。为达到提早出苗，可采用塑料大棚或温室于12月至翌年1月播种，6月中下旬即可达到嫁接粗度。

播种方法可采取条播或撒播。条播采用宽窄行；撒播是指将种子集中均匀撒在苗床上，出苗后达3片真叶即可移栽。

（四）苗期管理

播种后苗期管理是出苗率和苗木生长好坏的关键，特别是水分和遮阴的管理尤为重要；同时，需要及时清除杂草，保持苗木直立生长并及时摘心。对于1月播种或采用大棚播种的幼苗，于当年6月中旬苗木可达到嫁接粗度，实现当年播种、当年嫁接、当年成苗的效果，即猕猴桃"三当"育苗技术。

二、嫁接苗培育

嫁接是猕猴桃商品生产、保持品种特性的常用繁殖方法。我国对猕猴桃的嫁接方法研究颇多，针对猕猴桃枝梢生长特性，进行了嫁接方法的多种改进，嫁接技术也日益完善。

（一）嫁接期与方法

我国在中华猕猴桃驯化的早期就开展了不同嫁接方法和时期的研究，逐步形成了劈接、舌接、切接、单芽枝腹接、皮下接、芽接等多种方法。除芽接仅在生长期使用外，其他方法除

伤流期外，全年都可进行，春季伤流期之前是嫁接的最佳时期。

除春季可采取扬接外，其他均在圃内嫁接。扬接（相对常规圃内坐地嫁接，指掘起砧木于室内嫁接后再植于圃地），即在休眠期，提前将砧木挖出集中假植，在室内进行嫁接，比传统的室外坐地嫁接提高了嫁接速度和嫁接成活率。另外，提前将砧木挖出假植，推迟伤流期，可延长嫁接时间，且不受外界天气的影响，嫁接成活率可达 95%。

无论采用何种方法嫁接，嫁接成活的关键在于 4 个字——快、准、紧、湿，即削刀要快，砧穗的接合部位形成层要对准，包扎要紧，伤口要密封，枝接时要留保护桩，保持结合部位的湿润和土壤的湿润。

（二）砧木选择

目前国内多采用中华猕猴桃和美味猕猴桃实生苗作砧木，且美味猕猴桃砧木嫁接植株长势旺，适应性较强。北方种植软枣时主要采用扦插苗或抗寒性强的软枣猕猴桃作砧木；用长叶猕猴桃作砧木嫁接中华猕猴桃和美味猕猴桃品种，能进一步增强耐旱、抗病能力。研究表明，砧木"凯迈"可以提高"海沃德"品种的花芽量及产量；用大籽猕猴桃嫁接中华猕猴桃，有树体矮化的表现特性。猕猴桃砧木品种的研究和选育相对滞后于猕猴桃产业的发展，选育抗性更强的专用砧木如抗旱、耐湿的砧木或耐碱的砧木，是提高猕猴桃优质高产及扩大适栽区域的重要研发方向之一。

（三）嫁接苗的管理

嫁接后管理的好坏对接芽成活和生长发育有着直接的影响，除了加强肥水管理外，应及时做好断砧、除萌、摘心、立支柱等各项工作。

三、扦插繁殖

（一）嫩枝扦插

嫩枝扦插也叫绿枝扦插，是指当年生半木质化枝条作插条培育苗木的方法。嫩枝扦插主要在猕猴桃的生长期使用，一般在新梢半木质化后的5—8月进行。在避风、阴凉的地方建立插床，铺上干净细河沙或蛭石作基质。选择露水未干前采集插穗，粗度以直径0.4~1.0厘米为好，长度10~15厘米，有2~3个芽，剪好的枝条应置于阴凉避风场地或室内，扦插前用促进生根的生长调节剂处理基部切口。扦插时，插条入土深度为插条长的2/3，密度以插下后插条叶片不相互遮盖为准。插好后，浇足水，使基质与插条紧贴。盖上遮阳网调整光照强度，保持整个环境通风，同时需要调整好插床的湿度，有条件的地方可采用自动喷雾装置，则生根效果更好。

（二）硬枝扦插

硬枝扦插是指利用1年生休眠期的枝条作插条培育苗木的方法。因木质化枝条组织老化，较难生根，特别是中华猕猴桃和美味猕猴桃，在刚开始驯化利用时，国内认为几乎不能生根，而国外仅日本扦插成活，成活率为66.7%。为了解决异地引种的问题，中国科学院武汉植物园针对难生根的原因开展了大量的试验，如在插穗类型、处理插穗的药剂筛选、药剂的处理浓度及时间、插床的温度调节如加埋地热线升温等，选择最佳的处理组合，使生根成活率达90%。

四、组织培养

猕猴桃组织培养繁殖研究始于20世纪70年代，首次以猕猴桃茎段为材料，进行离体培养的研究。我国相继对猕猴桃不同器官，例如茎段、叶片、根段、顶芽、腋芽、花药、花粉、胚、胚乳进行了离体培养研究，并开展了组织培养技术有关基础理论及应用的研究。近年来，我国在猕猴桃转基因体系研究方面取得了一些进展，获得了不同器官的试管苗，利用种胚、下胚轴、子叶等培养愈伤组织分化苗，利用胚乳培养三倍体植株也获得了成功。对离体培养的猕猴桃茎段愈伤组织发生的组织学和形态发生学研究表明，愈伤组织起源于形成层和韧皮部，初生木质部也参与了愈伤组织形成。

意大利将扦插和组织培养相关技术集成，应用在商业化苗木繁殖，快速地为生产提供了大量优质苗木，即用组织培养产生大量幼小茎段为材料，用扦插繁殖的方法在棚内养苗，带钵移植，1 年上架分枝，主干粗 2 厘米，长势旺；翌年即可结果。

第三节　建　园

一、建园条件

由于猕猴桃在长期系统发育过程中形成了"三喜""五怕"的特性，因此，在建园时必须充分考虑猕猴桃对环境条件的要求，尤其是气候条件、土壤条件和社会经济条件要满足猕猴桃生产的需求。因此我们建议各地果农在建园时，必须做到"五要"，即态度上要有发展的积极性，环境上要有适宜的生态条件，产品上要有一定的发展规模，资金上要有相应的投资能力，科技上要有切实可行的技术保障。

二、直插建园

猕猴桃直插建园是将插条一次性扦插于植株栽植穴中，直接培育成苗的一种快速建园方法。由于繁苗与建园一次到位，方便简便，施工容易，建园成本低，在管理良好的条件下，苗木生长迅速健壮，一般翌年即可开始结果。

由于直插建园枝条扦插的地方不仅是苗木培育的场所，也是今后植株生长的地方，所以一定要准备好栽植沟。先挖好宽

0.6~0.8 米、深 0.8 米的定植沟，沟底填入切碎的玉米秸秆，然后再用混合好的表土与有机肥将沟填平，并灌 1 次透水使沟内土壤沉实。按植株行距要求将定植沟内土壤翻锄、整平，做成宽度为 60 厘米的平畦。直插建园多用长条扦插，即 1 个插条上至少要保留 2~3 个芽眼，有利于插条发根和幼苗生长。在扦插时可按规定的株距，在定植沟的覆膜上先用前端较尖的小木棍在扦插穴上打 2~3 个插植孔。为了保证每个定植穴上都有成活的植株，一般每个插穴上应沿行向斜插 2~3 个插条，插条间距离 10 厘米，形成"八"字形，插条上部芽眼与地膜相平，扦插后及时向插植穴内浇水，为了保证良好的育苗效果和促进苗木健壮生长，直插建园时定植带应铺盖地膜，膜的周边用细土压实。覆膜能有效提高地温，并有保墒和减少杂草为害的作用。

三、栽实生苗建园

栽苗建园是整地后按一定的密度定植实生苗的建园方式。栽苗建园的优点是建园成本低，定植实生苗成活率高，品种搭配比较容易掌握，株行距规范，树体大小一致，生长旺盛，便于整形，便于集约化经营管理，早期丰产、稳产。

在栽苗建园时，行距控制在 4 米左右，株距应保持在 2 米左右。先在种植园里挖深 60 厘米、长宽均为 1 米的定植坑，在坑内施足基肥，不但可以节省肥料，还有利于树体吸收养分。定植时，在坑内覆一层土再栽实生苗，否则会造成烧苗现象。栽好的实生苗经过 1 年生长后再高接，有利于成活。接口应距地面 40 厘米以上，避免接口冻害，一旦高接成活，则去除实生苗全部分枝，以免争夺养分。

第四章 猕猴桃整形修剪

第一节 树形及培养方法

猕猴桃的树形有单层和多层、单主干和多主干、双主蔓和多主蔓等多种形式,一般配合架式来定。在大棚架和"T"形架上,整形的方式基本相似。单主干比多主干好,结构简单,便于培养和控制。从生长、结果及修剪的方面看,以单主干双主蔓一字形为好,是目前猕猴桃生产中重点推广的树形。下面以单主干双主蔓一字形为例介绍树形及培养方法。

一、树形单主干双主蔓一字形

树体结构简单,骨干枝一目了然,整形快,修剪简单,易于被果农掌握,用工量少,适于大面积推广。同时,由于树体光照条件好,架面整齐,也有利于果实品质的提高。

采用单主干双主蔓一字形树形时,主干高 1.7~1.8 米。主干顶部分生两个永久性主蔓,水平固定在架面上,"T"形架与行向垂直绑缚,大棚架沿行向伸展。主蔓长度根据株距和行距确定。主蔓上着生结果母蔓,每隔 25~30 厘米留一个,在两侧均匀分布,同侧结果母蔓间距 50 厘米以上。结果母蔓与主蔓垂直绑缚,呈羽状或鱼刺状排列。萌芽后抽生的结果枝,向着生母蔓的斜前方绑缚。

二、培养方法

在苗木定植后,从发出的新梢中选择一个生长最健旺的枝条作为主干培养，用竹竿固定，保证直立向上生长，当年成干。当年冬季修剪时，将主干在合适位置进行短截，其余枝条全部从基部疏除。

翌年春季，从当年发出的新梢中选择两个长势健壮的，分别向两侧引缚，培养成主蔓。根据架面大小，在适当位置摘心，促发二次枝，用以培养结果母蔓。冬季修剪时，只保留主蔓及部分结果母蔓，其他枝条全部疏除。

在加强肥水管理及枝梢控制的情况下，架面较小的"T"形架，在翌年时即可成型，第三年开始结果。架面较大的棚架，在第三年继续培养主蔓、选留结果母蔓，直至成形。采用这种技术，树体成形时间较常规管理提早 2~3 年，结果早，进入盛果期早，产量高。

第二节　冬季修剪

冬季修剪是从落叶以后到翌年萌发前进行的修剪，主要是利用短截、缩剪、疏剪等基本技法，使幼年树尽快成形，适期结果；成年树生长旺盛，丰产稳产；老树能更新复壮，延长结果年限。修剪时首先将各部位的细弱枝、枯死枝、病虫枝、过密的大枝蔓、交叉枝、重叠枝、竞生枝及下部无利用价值、生长不充实的发育枝等一律疏除，使生长健壮的结果母蔓均匀地分布在架面上，形成良好的结果体系，然后对不同类型的枝蔓采用不同的修剪方法。冬季修剪一般是从 12 月到翌年 2 月进行，但不同树龄的树应区别对待。成树、壮树不宜过早或过晚，一般在大的严寒过后至翌年树液流动前进行，以免消耗养分削弱树势。幼树、旺树可提早或延迟修剪，即落叶前或萌发后进行，以达到人为造成养分消耗、缓和生长势的目的。

一、初结果树的修剪

初结果树一般枝条数量较少，主要任务是继续扩大树冠，

适量结果。冬剪时，生长在主蔓上的细弱枝应剪留 2~3 芽，以促使翌年萌发出旺盛的枝条；长势中庸的枝条修剪到饱满芽处，以增强长势。主蔓上的去年结果母枝如果间距在 25~30 厘米，可在母枝上选择一距中心主蔓较近的强旺发育枝或强旺结果枝作更新枝，将该结果母枝回缩到强旺发育枝或强旺结果枝处；如果结果母枝间距较大，可以在该强旺枝之上再留一良好发育枝或结果枝，增加结果母枝数量。

二、盛果期树的冬剪

（一）徒长枝

徒长性枝条主要发生于以下四个部位：一是根际萌蘖枝会扰乱树形，大量消耗树体营养，造成树冠郁闭，可多从基部删除。二是在大剪（锯）口下，多数删除；但是若有空间伸展，可作为预备枝，留 3~4 个饱满芽短截，促使翌年抽生 1~2 个充实的营养枝，培养成骨干枝或良好的结果母枝。三是发生于连续大量结果后，衰弱下垂的多年生侧蔓的后部背上，可作为更新枝，首先回缩掉衰老部分，再对徒长枝短截，通常保留 5~7 个芽。四是发生于上年修剪过量的营养枝、徒长性结果枝上，可留 6 芽以上短截，以降低其极性，缓和枝势（图 4-1A）。

（二）发育枝

绝大多数的发育枝都可以成为很好的结果母枝。翌年会在其上抽生结果枝，若位置适当，应加以保护与利用。可根据品种长势及结果习性进行短截：中华猕猴桃、软枣猕猴桃长势较弱，一般留 6~8 芽短截为宜；美味猕猴桃长势较强，多留 8~10 芽短截。如果发育枝的数量较多，为保持翌年的产量，可将一部分枝条留 3~4 芽短截作为预备枝（图 4-1B）。在枝量不足的情况下，可以利用当年的二次或三次健壮的发育枝（副梢）作为结果母枝，不必全部疏去。

（三）结果枝

各类结果母枝的剪留，要根据品种、整形方式、架式、树龄、枝条长势强弱而定。幼树枝梢较少，为扩大树冠，母枝可留长些；结果盛期树母枝宜留长；衰弱树和老龄树部分母枝应重截。一般美味猕猴桃品种结果母枝蔓修剪长度宜留长，中华猕猴桃品种修剪宜留短；中、长枝蔓结果品种（如豫皇1号、豫皇2号、海艳、晚红、金硕等）宜留长，中、短枝蔓结果品种（如湘吉红、天源红、红宝石星、翠香等）宜留短；棚架式架面较大宜留长，架面较小的"T"形架或篱架树宜留短。

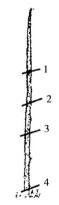

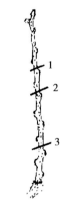

A.徒长枝冬季修剪　　　　B.发育枝冬季修剪
1.短截（缓和树势）　　　1.短截（长势强的品种）
2.短截（做更新枝）　　　2.短截（长势弱的品种）
3.短截（做预备枝）　　　3.短截（做预备枝）
4.疏枝（去除）

图4-1　徒长枝和发育枝的冬季修剪方法

猕猴桃树体的结果部位结果后，便成为盲节而不能继续抽生枝条，只有结果部位以上的节位才有腋芽，翌年能抽生枝条。所以，修剪时不能在结过果的节位短截。对其他已结过果的枝条和营养枝，应进行回缩或疏除，其长度以不与其他枝蔓缠绕或不垂到地面为宜。结果枝的2~7节叶腋都能坐果。从植物学角度讲，花、果是一种适于生殖的变态枝。所以猕猴桃结果枝的着花节位的芽实质上已抽生成花果，此后变为盲节。而生长健壮的结果枝，往往在盲节以上都能形成混合花芽，成为翌年的结果母枝。因此，冬剪时除对太密的（枝间距在30厘米以内）、衰弱的加以疏除外，保留的结果枝一般都在结果部位（盲节）以上留数芽进行短截，以备翌年再抽生结果枝结果。徒长性结果枝，一般在结果部位以上剪留4~5个芽；长果枝在结果部位以上剪留3~4个芽；中果枝在结果部位以上剪留2~3个芽；短果枝留1~2个芽或不修剪，让其连续结果，衰弱后再从基部剪去（图4-2）；而各种枯弱枝、病虫害损伤枝一律需要疏除。短截时，在剪口芽上留3~5厘米，以防止剪口芽抽干。

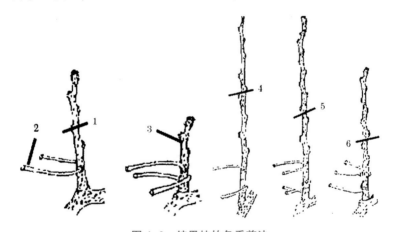

图4-2　结果枝的冬季剪法

1. 短果枝上有饱满芽的短截 2. 果柄 3. 短缩果枝的缓剪
4. 徒长性结果枝的短截 5. 长果枝的短截 6. 中果枝的短截

　　进入结果期的植株，除基部老蔓有时抽生徒长枝外，所有新梢都很容易成花，发育为结果母枝，所以修剪时要注意控制其密度，避免负载过量。在10平方米的范围内，植株一般保留12个结果母枝，抽生54~60个结果枝，平均每个结果枝结果3

个，共结果 162~180 个为宜。如留枝过多或不进行修剪，则所抽生的枝条节间短、叶片小、果个多、病虫重、质量差、结果部位外移，枯枝现象严重，经济效益低下；如修剪过重，则抽枝旺，成花少，产量也低。

猕猴桃果实成熟脱离后，多数品种的果柄保留在结果枝上。利用这一点，可区别什么是营养枝，什么是结果枝，哪株是雌株，哪株是雄株。

三、衰弱树体的枝蔓更新

猕猴桃枝蔓的自然更新能力很强，从结果母枝中部或基部常会发出强壮枝条，在光照和营养等方面占据优势，使得翌年原结果母枝在此部位往上的生长势明显变弱，发出的枝条纤细，其上所结果实个小质差，甚至出现枯死现象；同时，还会出现使树体枝梢生长量加大、节间变长、结果部位外移等不良后果。如不能及时回缩更新，结果枝和发育枝会距离主蔓越来越远，导致树势衰弱、产量低、果实品质差等现象。所以，在盛果期以后及时对枝蔓进行更新修剪，是盛果期后猕猴桃冬季修剪的一项重要任务。

冬剪时可将老结果枝回缩到新选留的结果母枝，达到更新的目的。若结果母枝基部有生长充实健壮的结果枝或营养枝，可将其回缩到健壮部位。若结果母枝较弱或分枝过高，则应从其基部有潜伏芽的部位剪除，剪截部位应掌握在芽上 3 厘米处，促使潜伏芽萌发，选择一个健壮的新梢作为翌年的结果母枝。对多年生枝蔓更新修剪时，要根据其衰老部位，采取局部或全株更新。猕猴桃从多年生枝上萌发的新梢一般当年不能结果，因此结果母枝更新量以 1/4~1/3 为好。长势弱的短果枝型品种，如红宝石星、天源红，结果母枝或已结过果的枝条年年更新；长势强的长果枝型品种，如海艳、金硕，结果母枝或结果枝 2 年更新 1 次。通过更新修剪，可使果树达到年年丰产、老年树复壮并延长结果年限的目的。

第三节　夏季修剪

夏季修剪要剪去徒长枝、衰弱枝、过密枝、病虫枝，适当短截长果枝，以保持果园通风透光。一般控制叶果比约为4：1比较适合。对雌株要进行3~4次综合性的夏季修剪，对雄株进行2~3次。夏季修剪主要包括以下措施。

（1）抹芽从萌芽期开始进行。对发生部位不合理、生长不正常的的萌芽，砧木上的萌蘖等随时发现随时抹除。一个结果母蔓上每隔15~20厘米留1个结果枝，共留4~6个，多余的全部抹除。抹除架面外围所有的营养枝芽，在内膛抹除瘦弱芽、叶簇芽、过密芽。外围结果枝摘心后发出的二次枝（芽）也要及早抹除。

（2）疏枝抹芽未能完成的定梢工作，待新梢长至20厘米左右、花序出现后，再及时疏除细弱枝、过密枝、病虫枝、双芽枝及徒长枝等。

（3）摘心6月上中旬开始，对未停止生长、顶端开始弯曲的强旺枝进行摘心，使之停止生长，促使芽眼发育和枝条成熟。一般隔半个月左右摘心1次。预备枝摘心可稍迟，等顶端开始弯曲、生长势变弱时再摘心。

（4）绑蔓生长季绑蔓，主要是针对幼树和初结果树的长旺枝。在新梢生长旺盛的夏季，每隔2周左右就应全园进行一次，将新梢生长方向调顺，不重叠交叉，在架面上分布均匀。绑缚不能过紧，以免影响加粗生长。

第四节　雄株的修剪

雄株冬季不作全面修剪，修剪一般较轻，以多留花穿，翌年花期能为雌株提供大量花粉。保留所有生长充实的枝，稍做轻短截。对留作更新的枝重短截，多年生衰弱枝进行回缩复壮。

疏除细弱枯死枝、扭曲缠绕枝、病虫枝、交叉重叠枝及萌蘖徒长枝。

翌年春季落花后立即修剪。选留强旺枝条用于成花，将开过花的枝条全部回缩更新，再适当疏除过密、过弱枝条，以缩小树冠，不与雌株争夺空间。

第五章 猕猴桃土壤、肥料和水分管理

第一节 土壤管理

一、深翻改土

深耕结合施用有机质肥料，可以有效地达到改良土壤的目的。

（一）深翻时期与时间

深翻时期与深翻时间以采果后结合秋施基肥（10—11 月）进行效果最佳，此期深翻改土，既节约了劳动力，又由于此时地温较高，伤根易愈合，尚可发新根，有利于年生长，结果，有益无害，且由于结合施基肥，有利于树体贮藏营养的积累，从而促进猕猴桃根系的活动及树体的生长发育。

若劳力不足，深翻也可在冬季封冻前及早春解冻后萌芽前及早进行。但春季风大干旱又无灌溉条件的果园，不宜在春季进行。

深翻的深度常以主要根系分布层为准。一般 60～80 厘米。幼树定植后，可逐年深翻，深度逐年增加。开始深翻 40 厘米，然后 60 厘米，最后到 80 厘米深。

（二）常用的深翻方式

1. 扩穴（放树窝子）

对于挖定植穴栽植的园地，幼树定植 2～3 年后，原有的定植穴已不能满足逐年扩大的根系生长的需要，因此宜用此法扩大根系生长范围。即每年或隔年从原来的定植穴向外扩大，挖深60~80厘米的沟，一般挖环状沟，沟宽度视劳力而定。扩穴需逐年连续进行，直至株、行间全部翻遍为止。此法每次深翻范围小，适于劳力少的园地。

2. 隔行深翻

密植园每年隔一行翻一行，稀植成年树可每年深翻树盘的一侧，即在株间或行间撩通壕，每四年深翻一遍。第一次梯田可先翻株间（株间也可同时翻两侧），第二次翻内侧，第三次翻外侧。此法伤根少，便于机械化操作。

（三）深翻应注意的问题

1. 深翻时要注意改变树苗栽在穴里伸展不开的状况

扩穴时一定注意要与原来定植穴打通，不留隔墙，打破"花盆"式难透水的穴，隔行深翻宜注意使定植穴与沟相通。对于撩壕栽植的猕猴桃园，宜隔行深翻，且应先于株间挖沟，使扩穴沟与原栽植沟交错沟通，并与坎下排水沟沟通，彻底解决原栽植沟内涝问题，对于黏重土果园尤为重要，以达到既深翻改土又治涝的目的。

2. 深翻一定结合施有机肥

深翻时，将地表熟土与下层的生土分别堆放，回填时须施入大量有机物质和有机肥料。一般将生土与碎秸秆、树叶等粗有机物质分层填入底层，并掺施适量石灰；熟土与有机肥、磷肥等混匀后填在根系集中层，每翻1立方米土加施有机肥20~40千克。

3. 深翻深度应视土壤质地而异

黏重土壤应深翻，并且回填时应掺沙；山地果园深层为沙砾时宜翻深些，以便拣出大的砾石；地下水位较高的土壤宜浅翻，以免使其与地下水位连接而造成为害。

4. 深翻时尽量减少伤根，以不伤骨干根为原则

如遇大根，应先挖出根下面的土，将根露出后随即用湿土覆盖。伤根剪平断口，根系外露时间不宜过长，避免干旱或阳光直射，以免根系干枯。

5. 使土壤与根系密切接合

深翻后必须立即浇透水，使土壤与根系密切接合，以免引起旱害。

二、中耕与除草

成年园土壤耕作宜进行 3~4 次。第一次在秋季落叶前后，结合施基肥进行。深耕深度在靠主干处稍浅，一般为 5~10 厘米，株行间可较深，常在 20~30 厘米。在营养生长期中，视猕猴桃园土壤板结及杂草生长情况中耕 2~3 次，深度 5~10 厘米。发芽前（3 月上中旬），结合追肥松土一次。5 月上中旬果实迅速生长期，结合除草追肥松土一次。对幼年园，可结合间作的管理，多次进行清除树盘杂草的工作，以保持无杂草疏松的土壤环境。

三、树盘覆盖

夏季进行树盘覆盖是防止土壤干旱的措施之一。树盘覆盖可以降温保湿，盛夏可降低地表温度 6~10℃，有利于根系生长；防止土壤水分蒸发，保湿抗旱，覆草后，10 厘米土层含水量比清耕提高 11%~12%；防止杂草生长；覆盖物翻入土中，可增加土壤有机质，提高土壤肥力；减少地表径流，防止土壤冲刷和水土流失。

树盘覆盖方法是利用稻草、杂草、山青、秸秆、锯木屑、塘泥等材料，在旱季前中耕后覆盖于树盘。厚度 20 厘米，近主干处留空隙。旱季过后，要及时翻入土中。

四、树盘培土和客土

丘陵山地猕猴桃园土层薄，水土流失严重，易使根部裸露。大量须根露出土面，夏季雨后天晴高温时，易造成大量须根死亡、枝叶萎蔫现象。因此，采用培土和客土是果园土壤改良及保护根系的一项有效措施，可起到增厚土层、改良土壤结构、保肥保水的作用。

培土或客土多在晚秋或初冬进行。培用土壤根据果园土质情况而定，一般就地取材，黏重土壤培沙性土，沙性土壤培黏性土。山地果园宜就近挑培腐殖质土，丘陵和平地果园可结合冬季清园、整修梯田和清理沟渠，挑培草皮土、沟泥、塘泥等。沟泥、塘泥等湿土，必须风干捣碎后再培。

一般每株培土 150～250 千克，但培土厚度以 5～10 厘米为宜，培土前，必须先耕松园土，然后耕耙或浅刨，使所培土与原来土壤掺混，切忌形成两层皮，即原有土层与新培土分开。也可于秋末初冬将所培（客）土置于树盘周围分散堆放，经冬季冻融松散后，翌春萌芽前将其与原土均匀混合，覆盖在树盘附近。

五、种植绿肥与合理间作

国外果园普遍采用生草法，使土壤有机质含量大大提高。草的种类主要是豆科与禾科牧草。

猕猴桃园种植绿肥，具有很多优点。

（一）可不断增加土壤中有机质含量

果园种植豆科绿肥，如三叶草，以每公顷产鲜草 30 吨计，则每公顷可增加氮素 112.5～187.5 千克，相当于 225～375 千克尿素所含氮素。钱粮湖农场种植的白三叶草，每公顷产鲜草达 60 多吨。

（二）有利于改良土壤的理化性质

新鲜绿肥中含有 10%～15% 的有机物，压入土中后，可以成为腐殖质，使土壤形成团粒结构，从而改良土壤理化性质。

（三）夏季覆盖土壤，防止地温过高

高温季节，种植绿肥作物的土壤表面温度要比土壤清耕的低 9~16℃。

（四）可防止杂草滋生，从而减少清耕铲草用工

园内种植绿肥投资少，收效大，不需修筑梯田，水土保持效果好。

第二节　肥料管理

一、施肥

（一）施肥时期

1. 幼年园

定植 1~3 年内的幼树，根系少而嫩，分布浅，吸肥量不大。为促使多次新梢生长，迅速形成树冠，早日进入结果期，根据"少吃多餐"的施肥原则，在 3—8 月追施速效氮肥 3~4 次，11月施一次基肥。基肥中除速效肥外，还要有厩肥、堆肥等，以增加树体养分积累。

2. 成年园

（1）基肥。基肥最好在秋末冬初，猕猴桃采收后，全部落叶以前，结合深翻改土进行。施入量为全年用量的 60%~70%。用沟施方法，在藤蔓周围交叉开沟，每年在对侧方向的沟内施肥，2~3 年后藤蔓周围可以轮施一遍。

（2）萌芽催梢肥。萌芽前使用，时间在 2 月下旬至 3 月上旬。春季枝梢抽发量大，是早形成结果枝及下一年结果母枝的主要时期。此次施肥宜早不宜迟。以速效氮肥为主，一年 2/3 的氮肥在早春以前施入。磷钾肥也可于 2—3 月一次施入。

（3）壮果肥。5月上旬至6月是果实迅速生长期，又是新梢生长旺盛期，此期根系吸收力强。此时的肥料具有加速果实生长，提高果实品质及促进新梢生长的作用，对提高当年产量、打下明年丰产基础影响极大。壮果肥以有机肥或氮、磷、钾复合肥为主。后期尽量少施氮肥。

（二）施肥量

猕猴桃生长迅速，枝叶繁茂，叶大而肥厚，其枝梢生长量远比一般果树大，同时其结实多，挂果时间长（一般达150～180天），故树体养分消耗量大，需肥量较多，且养分种类要全面，不仅需注意氮、磷、钾肥的施用，而且宜适时补充微肥。

猕猴桃施肥量取决于树龄、树势、结果多少、土壤肥力状况与土壤保肥性，各地施肥量有所差异。

新西兰幼龄猕猴桃园的经验施肥量为：第一年，全年株施纯氮14克（相当于尿素30克），从4月至8月（北半球，下同）分3～4次施入，施入范围1～2平方米。翌年，3月株施纯氮55克（尿素120克），施入范围3～4平方米，4—8月补施3次追肥，每次施纯氮28克（尿素60克）。第三年，3月全园普施纯氮115千克/公顷，5月补施纯氮55千克/公顷。

新西兰成年猕猴桃园施肥量：3月全园普施纯氮113千克/公顷，纯磷56千克/公顷，纯钾100～150千克/公顷，5月补施纯氮57千克/公顷。适量补施钙、镁、硼肥。

我国猕猴桃幼年园经验施肥量一般为每株施基肥腐熟厩肥50千克或饼肥0.5千克，全年追肥每株施尿素300克，分3～4次施下。

成年园则每株每年施入厩肥或堆肥、人粪尿、猪粪尿等农家肥料50～70千克，草木灰1.5～2.5千克，硫酸铵0.3～0.5千克，过磷酸钙0.5千克，硫酸钾0.3～0.5千克，或者每株施入农家肥50千克，混入磷、钾肥各1.5千克。如陕西省周至县秦美丰产园施肥经验为：冬季每株施菜枯饼1.5千克，桐油渣0.5千克，磷肥0.5千克，鸡粪1千克。展叶期每株施碳酸氢铵或尿素 0.5 千克，花后一周施氮磷钾复合肥 0.5 千克。

（三）施肥方法

我国猕猴桃施追肥多采用穴施或撒施。

（1）穴施。即在树盘外缘（树冠滴水线稍外沿处）挖 4~6 个长、宽各为 20~30 厘米，深 15~20 厘米的洞穴，将肥料施入。

（2）撒施。幼年园多在树盘内撒施，成年园由于根系已布满全园，应行全园撒施。将肥料均匀撒入土面，结合浅耕或挖园，将肥料锄入（翻入）土中，施后灌水。也有施肥（多为化肥）后不锄土，直接灌水即可。

国外追肥多结合灌溉，将肥料溶于水中，随喷灌或滴灌施入土中。

施基肥主要采用环状沟施肥和条沟状施肥，环状沟施肥是以树干为中心，距干 60 厘米左右（依树冠大小而变动）挖一条环状沟，沟深 40~50 厘米，宽 20~30 厘米，施肥入沟，拌匀肥料后盖土。以后随树龄与树冠的扩大，环状沟逐年向外扩展。条沟状施肥是在距树干 30 厘米左右（树冠滴水线外）的株间或行间两边各挖一条深 40~50 厘米、宽 30~40 厘米的条状沟，隔年交替更换开沟方向与位置。对于已封行的猕猴桃园，特别是水平棚架园地，可采用全园施肥，即将肥料均匀撒入园地，再结合深耕翻入土中。注意在土壤有墒时施入，或施后灌水。但长期采用全园撒施，则施肥浅，易导致根系上浮，降低根系抗逆性，故需与条沟施肥交替配合使用。

（四）根外追肥

根外追肥就是用猕猴桃生长所需的某些营养元素，以适当的浓度喷布叶片，使叶片直接吸收养分。其优点是吸收养分快，可及时满足猕猴桃树的急需，用肥量少，肥料利用率高。但由于施肥量有限，起作用的时间不长，只能作为一种辅助追肥的方法。

根外追肥使用的肥料种类与浓度一般为：尿素 0.3% ~ 0.4%，磷酸二氢钾 0.3% ~ 0.4%，过磷酸钙浸出液 0.5% ~ 1%，硫酸亚铁 0.05% ~ 0.1%，腐熟人尿 10% ~ 20%，硼砂 0.05% ~ 0.1%。

进行根外追肥时应注意几个问题。

（1）掌握好浓度。根据天气，树龄、叶龄，决定合适的浓度，最好先做个小试验。

（2）注意喷布天气。以阴天或傍晚喷施效果好。

（3）喷布要均匀、周到。叶面尤其是叶背要喷到、喷匀。

二、矿质营养

猕猴桃对营养元素的吸收与利用

猕猴桃对各类营养元素的需要量较大，而且从萌芽以后，至开花和果实发育的不同时期，对各种营养元素的吸收量具有差异。根据新西兰有关叶分析资料表明，春季萌芽至坐果这段时期内，氮、钾、锌、铜在叶片中积累的数量为全年总量的80%以上。磷、硫的吸收也主要在春季。钙、镁、铁、硼和锰的积累在整个生长季节是基本一致的。猕猴桃坐果以后，钾、氮、磷等营养元素已逐渐从营养器官向果实转移。根据分析还发现，猕猴桃对氯的需要量比一般作物大得多，一般作物为0.025%，而猕猴桃却含有 0.8% ~ 2%，尤其是在钾的含量不足时，对氯的需要量更大。

各类矿质营养元素供应均衡而适量时，则猕猴桃树体生长结果良好。但当某种营养元素过多或不足时，会造成树体生长发育不良，表现出中毒或缺素症状。

第三节　水分管理

猕猴桃抗旱性和耐渍性均弱，需经常保持土壤湿润，但又不能渍水。

一、排水

排水是猕猴桃园管理工作中一项非常重要的措施。首先，园地不要建在低洼、地下水位高的地方。由于南方各省春季多雨，因此要在地块周围及行间开好排水沟，疏通沟渠，使排水通畅。特别对于质地黏重或地下水位较高的平地果园，或者是红壤丘陵果园的低洼地带，在4—6月梅雨季节内，往往雨水过多，造成果园积水而诱发黄叶病，甚至引起根系腐烂、整株死亡。故雨季及时清沟排水特别重要，至少要求土层深度0.8米以下无积水现象。高温干旱季节经常性地灌水，此时要注意掌握灌水时间，做到速灌速排，否则极易发生涝害。

二、灌水

因猕猴桃园的不同类型，所处地带，灌水的方法、时期及灌水量有所不同。

在海拔500~1 000米的低山、中山区，7—9月气温普遍比丘陵、平地低，7月平均气温、雨量条件下，一般极少出现大旱。因此这种类型的猕猴桃园，应以排水防洪为主，开设洪水沟、排水沟等。园内多挖山塘、水池，将雨水截留下来，供干旱时使用。

建在丘陵、山地或平地的猕猴桃园，则首先要有灌溉条件。采用何种方式灌溉，需视水源条件、果园地形地势、投资力量而定。

（一）地面灌水

地面灌水简单易行，投资少，但耗水量大，土壤易板结，不便于果园操作机械化，管理不好，易发生涝害，可采用沟灌、穴灌等。

进行地面灌水要特别注意，一次灌水不能太多，要少量多次，随灌随排，防止造成涝害。切忌漫灌。

地面灌水适用于盛夏气温不太高、水源充足、土块平整、投资不足的园地。

（二）喷灌

喷灌是近年来发展较快的一种先进灌溉方法，尤其适用于高温干旱地区及地形复杂的丘陵山地猕猴桃园，可分为高喷、高微喷、低微喷。喷灌能调节猕猴桃园小气候及生态环境，在高温季节（7—8月）进行喷灌不仅及时补充了土壤水分，而且在喷灌当天及第二天内，明显地提高空气相对湿度7%～32%，降低园内气温3.5～8.5℃，降低土表温度1.6～3℃，降低叶温和果温3～11℃。同时喷灌省水、省工、保土、保肥，不占用土地面积，与沟灌相比，不但节约用水约60%，而且可以提高肥料利用率25%～45%，且喷后不致造成土壤板结和过湿，保持土壤良好的通透性能。对地形复杂的丘陵山地缺水果园更为适用。

喷灌时期要根据气候条件、猕猴桃生长情况及土壤条件等正确掌握。南方地区喷灌时期主要在7—9月高温干旱期。盛夏时，高喷、微喷的轮喷周期分别为4～6天和2～3天。以土壤湿润深度20～40厘米（猕猴桃根系密集层）为度，保持田间最大持水量的60%～80%。

（三）滴灌

滴灌是将水沿着安装在园内的低压管道系统运到滴头，然后一滴一滴地经常不断地浸润到猕猴桃根系分布的土层，使土壤处于湿润状态，保持适宜于猕猴桃生长的含水量。

滴灌具有省水、省肥、不板土等优点，适用于丘陵山区缺水果园。据报道，滴灌一季用水量相当于喷灌一次用水量。

三、保水

在缺乏灌溉条件的丘陵山地果园，应在修筑高质量梯田的基础上，切实做好保水防旱工作。

目前，一般采用地面覆盖的方法保水。这种方法的原理是使土壤中的气态水，在地表冷凝而不致大量蒸发损失掉。具体做法是在 4—5 月间就地割刈枝叶及幼嫩的山青，覆盖于树盘周围，厚度是 15~20 厘米，行间空地任其自然生草；7—8 月旱季来临之前，进行第二次覆盖，并将行间杂草就地割刈，自然摊放；果实采收后的 10 月间结合施用基肥，进行全园翻耕，并将覆盖的有机物翻入土中作肥料，然后再割刈梯壁杂草覆盖地面。这样，既能全年保持树盘土壤疏松湿润，起到良好的保水防旱作用，又能增加土壤肥力。

第六章　猕猴桃花果管理

第一节　花粉采集

在授粉前 2~3 天，选择比主栽品种花期略早、花粉量多、与主栽品种亲和力强、花粉萌芽率高、花期长的雄株，在傍晚和清晨采集铃铛花或半开放的雄花（图 6-1）。采集量按每亩雌株需求量不低于 1 000 朵雄花计算，约重 1.2 千克。

图 6-1　雄花

将采集到的雄花用手在 2~3 毫米孔径的筛子或铁丝网上摩擦使花药脱离，或用小型电动粉碎机在低转速下进行粉碎，再过筛剔除花瓣和花丝，收集花药。

将花药在牛皮纸或开药器上平摊成薄层，自然阴干后散粉。或在 22~25℃、湿度 50% 的干燥箱中放置一昼夜，即可散粉。

散粉后，过 100~120 目筛，收集纯花粉，放入干燥、清洁的瓶内备用。

采集到的花粉最好及早使用。若需贮藏的，可放入家用冰箱 4℃冷藏箱里，能够保存 8~10 天。

第二节　人工授粉

一、人工授粉的方法

简易的人工授粉法有花对花法、吹风授粉法及用毛笔、棉球、香烟过滤嘴等进行的点授法。操作简单，但只能用于小规模少量授粉。

大量授粉采用的主要是喷粉法和液体授粉法。

喷粉法是将花粉与滑石粉、淀粉、脱脂奶粉等按 1∶50 的比例混合均匀，用电动喷粉器喷花进行授粉。添加剂不能对花粉有伤害。如果花粉与添加剂混合不均匀，一般要补充授粉一次。

液体授粉时，要配制花粉溶液，按蔗糖 10%+硼砂 0.1%+花粉 2%，用清洁的水配制。花粉溶液要随配随用，要求在 2 小时内用完。

二、授粉时间和注意事项

授粉时，以全树 25%左右的花开放时为宜。最好在晴天无风的上午，用雾化良好的喷雾器，对着雌花喷，一般喷一次即可。授粉后 3 小时内遇雨或在雨停后进行授粉的，要隔天再喷 1 次。

用多个雄性品种（株系）的花粉，进行混合授粉，效果会更好。

第三节 保花保果

在花芽形成后，确保在正常的开花、结果的情况下，采取人为辅助措施，促使其充分授粉受精，提高坐果率，形成果大质优的果品。具体措施如下。

一、预防不适宜花芽形态分化的自然因素

保证花芽形态分化的顺利完成。其中主要是温度，如初冬大幅度快速降温与早春倒春寒，常造成花芽受冻，产生畸形果，甚至冻死花芽，可采取树体上喷水加植物防冻剂或园内熏烟，提高温度，使园内温度维持在0℃以上。

二、最适宜猕猴开花坐果的花期气候条件

最适宜猕猴开花坐果的花期气候条件是：温度 20~25℃，风力 1~3 级，空气相对湿度 70%~75% 和良好的微环境如叶幕层厚度、雌雄株距离等。但在我国南方猕猴桃花期易遇低温多雨潮湿天气，北方易遭高温干旱大风气候。可于花前 7 天左右，进行一次复剪，疏除过多的徒长枝蔓、发育枝蔓、结果枝蔓和发育不好的花蕾，并对留下枝蔓进行摘心以控制营养生长，集中养分促进生殖生长，增加冠内通透性，利于昆虫、风媒的访花、传粉活动。并注意花期排水，防止根系渍水。若遇花期高温干燥、风大的地区，则进行花前灌水，提高土壤和空气湿度，增加花粉活性。

三、果园放蜂

猕猴桃是虫媒花，主要靠昆虫传粉，据花期观察，有 150 多种昆虫在猕猴桃花上活动，但主要靠蜜蜂和熊蜂传粉。风也可传粉，较强的风下，雌花可接受花粉 4.2~12.3 粒/分钟。但无风条件下，只有 20% 的雌花接受花粉 2 粒/分钟。国内外很多

研究表明，猕猴桃果实大小和质量与果内种子数目密切相关。美味猕猴桃果实大小与种子数量的相关系数为 0.87，中华猕猴桃为 0.81。据测定，猕猴桃要达到商品（出口）重量标准 70g 以上的果实，需要 520~740 粒种子/个果。因此必须要有大量花粉授粉后才能得到预期重量的商品果，只有通过蜜蜂传粉或人工辅助授粉才能显著提高坐果率和果实大小。

由于猕猴桃为雌雄异株异花植物，人工栽培时为获得单位面积较高的产量，雌雄配搭时加大了雌株比例，蜜蜂传粉时采集雄株花粉的机遇相对减少。而雌、雄花均产生花粉，又只有雄花花粉才有生活力，因此蜜蜂即使全在猕猴桃植株上飞，所采的花粉有好大部分也是无效花粉，加之猕猴桃的花粉无蜜腺不产生花蜜，对蜜蜂的吸引力不大。如果附近或园内种有其他蜜源植物，如柑橘、绿肥（三叶草、毛苕子等）等花期与猕猴桃相同，柑橘等植物花香，又产花蜜，对蜜蜂的吸引力比猕猴桃大，蜜蜂飞到猕猴桃植株上的机遇少。因此，放蜂时必须采取措施：一是加大蜂群，据国内外调查研究，每 1~2 亩最好能达到一箱；二是提早在开花前几天或最迟必须在雌花有 10%~15% 开花时将蜂箱放到果园内，放在向阳、温暖并稍有遮阴的地方，一般都在主防风林带附近。同时，在喂养蜜蜂的蜂蜜中加入猕猴桃的花粉，让花粉的香气刺激蜜蜂的条件反射，可增加蜜蜂对猕猴桃花的访花次数。此外，对于花期与猕猴桃花期相同的间作物，如三叶草、苕子、月季、枸杞、刺槐等，在猕猴桃花期前提前刈割，以增加蜜蜂专访猕猴桃花的机会。蜜蜂不喜在厚厚的叶幕层中采粉，喜欢在阳面采粉。因此，在不影响产量前提下尽量减少叶幕层，或通过整形修剪改善树体的通风透光条件，既利于蜜蜂传粉，也利于光合作用和减少病虫害。在放置蜜蜂的果园绝对不能用药剂防治病虫害，只有将蜜蜂搬走后才能喷洒农药，以免伤害蜜蜂。

据研究，猕猴桃每朵雄花约需 2 500 粒花粉，而蜜蜂每次只能传送 900 粒花粉，因此必须多次传粉才能授粉受精良好。

此外蜜蜂常沿树行活动，不太喜欢在树行之间串行，建园配置授粉树时最好每一行里都应合理分布，才能充分保证蜜蜂传粉。

四、人工授粉

猕猴桃的花多集中在 5—8 时开放，并释放花粉，至 13—14 时达到顶峰，雄花在开放后 5 天内都能释放花粉。据研究，雄花花粉的发芽力（生活力）在室温下能保持 3~5 天。若保藏在 5℃ 以下低温可保持 10 天左右。猕猴桃的花期一般 6~8 天。但无论雌花或雄花，其单花开放时间一般为 2~4 天。花期的长短主要与温度、湿度有关。如果花期遇到低温阴雨天气致使昆虫活动受到限制，或雌、雄株花期不遇时，应进行人工辅助授粉，以保证正常结果。人工授粉主要有以下几种方式。

（一）手工授粉

先从雄株上采集即将开放的雄花，带回室内用镊子取出花药（或去掉花瓣）置于培养皿内（或放于纸上），在 25℃ 的恒温箱（或 20~25℃ 的室温下，翻动干燥）使花药开裂散出花粉，筛去杂物，贮藏于低温干燥的瓶内备用。待雌花开放时（1~2 天内），于 8—10 时用小毛笔或铅笔的橡皮头粘花粉点于正开放的雌花柱头上即可。如有条件，最好有多种雄花的花粉混合使用，更利于选择授粉提高受粉率；亦可采用花对花的方法，即于 8—12 时摘取正在开放的雄花，花药对准雌花的柱头，轻轻将花粉粘于雌花的柱头上，可随采随对，一般 1~2 朵雄花可授粉约 10 朵的雌花。手工授粉时，动作要轻，切不可损伤柱头。

（二）采用授粉器

将备用的花粉按 1 份花粉、10 份蔗糖、89 份水重量比的比例配成悬浮液，用干净的喷雾器（或授粉器）于 9—11 时喷到当天开放的雌花柱头上即可。花粉必须随用随配，以免影响生活力。喷时雾点要细，因猕猴桃雌花开放持续时间较长，花期需喷 3~4 次才能满足授粉需要，因此所采集的花粉当天用不完可贮藏于 5℃ 的低温下保存，以供手工或机械授粉用。

（三）用生长调节剂处理

各地亦有用生长调节剂处理雌花或小果，以促进坐果率。但不环保，不提倡。

第四节　疏花疏果

猕猴桃花量大，在适宜的条件下，坐果率高，每一个花序都具有结三个果子的潜力，基本上没有生理落果。但坐果太多，势必给树体造成沉重负担，造成小果。而果实的大小，又是猕猴桃生产中一个重要的质量指标。若单株留果越多，在同等条件下，果个越小，并削弱营养生长，造成树体生长势减弱连续生产能力下降，易出现大小年现象，使果实大小不整齐，品质差，商品价值低，树势易早衰。为了均衡树势，达到丰产、稳产、优质、高效，防止早衰，延长结果年限，必须进行疏花疏果。

疏花疏果应根据品种特性，管理水平和当时的气候因素来确定其强度和时间。一般讲疏果不如疏花，疏花不如疏蕾。因此一般在现蕾的时候就可开始进行。猕猴桃的雌花有单花和聚伞花序两种。从一个花序来看，一般主花的位置好，生长势强，容易授粉受精，结出的果子生长发育好，个头大，而侧花则相对差。在蕾期先疏除侧蕾，保主花蕾，并剪除位置不好、荫蔽严重、纤细果枝的花序，以减少养分消耗，促进枝梢生长。为了避免疏花过量或花期遇雨授粉不良，影响当年产量，保留的花数应比预留的果数多 20%~30%。一般健壮果枝留花 5~6 朵，中等果枝 3~4 朵，弱者 1~2 朵。疏果应在谢花后开始，一般在谢花后 60 天内。幼果的体积和鲜重增长最快，可增至其成熟时的 70%~80%。因此疏果越早越好，一般应在谢花后 20 天内完成，以节约树体的养分，促进果实迅速膨大，提高产量和质量。

疏果时主要疏除畸形果、伤果、病虫果、侧生果、果枝基部果。因基部果个小质差，先端果次之，枝蔓中部花序坐的果个大质优，故应尽量留中部花序坐的果。原则上按短果枝留果一个，中果枝留果 2~3 个，长果枝留果 4~5 个进行。亦可按植株的叶果比留果，即按（4∶1）~（6∶1）进行疏花疏果。叶果比大时，果实品质好，比值小时产量高。

第五节 果实套袋

猕猴桃喜半阴环境，属中等喜光性果树，不少栽培地区常因夏季高温干旱以及强光直射造成落叶，果实产生日灼，严重时造成落果，使产量下降，果实品质降低，耐贮性差，严重损害其经济效益。

高温干旱和强光是通过影响果园叶幕层微气候环境，抑制光合作用等生理过程，破坏叶片细胞膜的结构及功能等方面来影响猕猴桃的正常生长发育。生产上采取的种植防护林，遮阴等措施就是缓解这一为害的有效途径。近年来，也主张在猕猴桃上套袋，以减轻高温、干旱和强光对果实的为害。猕猴桃果实套袋后，能减轻日灼病，防止果面污染，改善果实外观，避免吸果夜蛾及果实病害的侵袭，提高果实品质，降低果实农药残留量，从而大大提高果实商品性和经济效益。但套袋后果实中的糖分、维生素等含量有所减少，果实风味变淡，且费工。因此亦可从栽培技术上防止日灼害果，如从幼果开始就对果实遮阴，整形修剪中尽量不要将果实暴露在阳光直射的部位，应叶里藏果。

猕猴桃套袋的适宜时间是 6 月上旬至 6 月中旬，套袋前应根据当地病虫害发生情况全面喷 1~2 次药，然后及时选择生长正常、健壮的果实进行套袋，纸套应选用抗风吹雨淋、透气好的专用纸套，套袋后并于采果前 10~15 天去除。

第六节　防止采前落果

　　猕猴桃在接近成熟时，由于品种及栽培管理的原因，容易造成采前落果，给生产造成很大损失。

　　采前落果的严重程度，首先是由品种的特性决定的。多数品种都有一定的采前落果现象，但有些品种则较少，如魁蜜。

　　土壤水分失调是影响猕猴桃采前落果的重要因素。长期干旱、果园积水或土壤忽干忽湿，都会加重采前落果。因此，要采取措施，维持土壤湿度的相对稳定。例如实行果园秸秆覆盖，采用节水灌溉，浇水时少灌勤灌等。

　　在发生采前落果的时期，要加强新梢摘心，控制营养生长，促进营养多分配于果实生长，可适当减少采前落果。

第七章 猕猴桃采收及采后贮藏保鲜

第一节 最佳采收期

猕猴桃采收期，可根据果实的生长期、果实硬度及果面特征变化来确定，不同品种和地区的采收时期不同。

判断猕猴桃果实成熟度的方法主要有两种。一种方法是根据果实的生育期来估测。如中华猕猴桃的果实生育期为140~150天，美味猕猴桃则需要170~180天，当生长期达到需要的生育期时，才能采收。栽培品种按照成熟期来划分，早熟品种一般到9月上中旬果实成熟，中熟品种到9月下旬，晚熟品种到10月上中旬，极晚熟品种则要到10月下旬至11月上旬果实才成熟。

另一种方法是根据果实中可溶性固形物含量来确定。测定时，削取少量果肉，将汁挤到糖量计中，观察读数即可。一般来说，可溶性固形物达6.5%~7.5%时，即为可采成熟度；达9%~12%时为食用成熟度；超过12%时则达到了生理成熟度。一般用于贮藏的，达到可采成熟度就可以采收了。而用于鲜销的，则应采得稍晚些，待达到食用成熟度时再采，需要外销的可在些基础上稍为提早。用于加工果脯、果干的，可在七八成熟时采收，而用于加工果汁、果酱的则要求达九成熟时采收。

第二节 采收方式

有人工采收和机械采收两种方式，见下页表。

表　采收方式优缺点比较

采收方式	优点	缺点
人工采收	轻拿轻放、避免损伤，减少腐烂	效率低
机械采收	效率高	容易造成机械损伤、影响贮藏效果

现今，提倡生产"精品"和"高档"产品，国内外猕猴桃采收主要靠人工采收。

第三节　采收时注意事项

一、采前处理

在采收前 20 天、10 天分别喷施 0.3% 氯化钙溶液各 1 次，以提高果实耐贮性。

二、采前停止灌水

为长途运输销售和贮藏，在采前 10 天左右，果园应停止灌水。如下雨，在雨后 3~5 天进行采收。

三、采收时间

在晴天上午或晨雾、露水消失以后采摘。避免阳光直射和阴雨天采摘。

四、分期采收

一棵树上的果实成熟期也略有不同，采收时应先下后上，由外向内。

五、避免多次倒箱

猕猴桃果实果皮薄，容易受到机械伤和挤压伤，表皮茸毛易脱落，在采收过程中要避免多次倒箱。

第四节　果实分级

猕猴桃果实进行标准分级的优点是：保证质量，促进高质量生产，并能实行优质优价；将好与劣的果实分开可减少病菌感染，防止腐烂，便于检疫；有利包装、运输并减少周转中的损耗。

一、机械分级

机械分级速度快、精确度高，但投资大，而且机械分级也需要人工辅助操作。为便于识别，一些国家在分级机旁挂一张标准图，果形不正、病虫和损伤果等的图样旁有"×"记号，提醒操作人员把"×"果挑出，标准果入选。海沃德大体可分为8级，供参考。新西兰为保证猕猴桃果实出口的质量，在果实采收后用铲车将盛果实的木箱运到包装厂房，输入滚动式分级机；输送台有很好的照明设备，每次有6~8个果实移动、传送到输送台上；有经验的操作者很快会将有污染、损坏或病虫的果实挑出来，再由自动机械按不同重量分级后，分装入有塑料袋的托盘。有的分级机是轨道型的，当果实投掷到空中后，会按果实重量的差别，在不同的间隔距离上掉落在帆布制成的斜槽中。

二、人工分级

我国目前多数采用人工分级，中华猕猴桃开发集团曾提出分级标准的试行草案。鲜果的质量标准如下。

（1）单果重在60克以上，分60~80克、80~100克和100克以上3个等级。

（2）果形端正、美观，无污点、病虫斑点。

（3）每100克鲜果肉中维生素C含量为100毫克以上。

（4）可溶性固形物在12%以上（以开始软化时为准）。

（5）甜酸可口，无异味。

（6）耐贮性好，美味猕猴桃在常温条件贮藏10天以上不软化，（0±1）℃冷藏可保存3个月以上，货架期3~5天，中华猕猴桃可适当缩短期限。

（7）农药残留量不得超过国际允许标准。

（8）要求品种纯正。

第五节　果实包装

包装是商品流通中的重要环节。合理的包装在流通过程中能保证商品果实的质量。市场上可以看到各种小包装，但多数还是仿制托盘包装。这种包装能使猕猴桃保存在较好的温湿度环境中；防止果实擦伤和挤压；运输方便，适合批发和零售两用。托盘按果实分级有8种规格，每个托盘装果实约3.6千克，有一个木制的卡片纸板或塑料的外盖，旁边有通气孔；一个预制的塑料容器垫，垫内有很厚的浅绿色聚乙烯衬垫膜可以保持有限的空气湿度，避免果实脱水。果实成排或按对角线装在盘内预制的塑料容器盒内，盒外用聚乙烯薄膜包裹，上下都有瓦楞纸板。托盘包装好后在一端标明果实数量、规格、品种名称、栽培者及注册商标，还有铁路和水运的记号等。

每个托盘里只允许一种规格的猕猴桃。174个托盘用绳带绑紧，摞放在货盘（集装箱）上，准备预冷、贮藏或运输。

分级和包装密切结合，组合内容可用图解表示（图7-1）。包装业务复杂，必须参与手工操作。包装业是劳动密集型行业，一个劳动力每天采摘的果实需要2~3个人完成包装。一般的包装厂每天需要用50个工人才能完成4 000个托盘的包装业务。自动化程度高的包装厂，1分钟可装20个托盘，运转完全由计算机控制。

除托盘外也有用木箱的，规格：长、宽、高为45厘米×18厘米×18厘米或40.5厘米×30.5厘米×11.5厘米，这种木箱约装9千克；或40.5厘米×15.2厘米×11.5厘米规格的可装4~4.5千克；也有的果实散装，到达目的地后再改用小纸箱包装出售。我国除托盘包装外也有用小纸匣，或中间用框格隔开的，容量有 0.5 千克、3 千克和 3.5 千克，但在山区或交通不发达的农村仍用竹筐、柳条筐等，其筐内需要用山草、稻草等作衬垫。果实需轻拿轻放，为防止果皮擦伤，可用地膜或低压聚乙烯膜单果包裹，效果也很好。产品的外包装最好能设计成与产品协调的图案，力求简单大方，不宜华丽装饰。

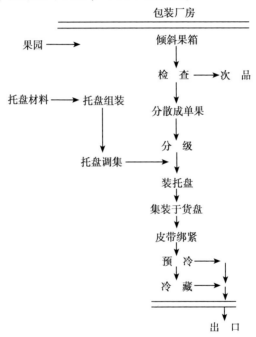

图 7-1　猕猴桃分级包装示意

第六节　果实贮藏

一、常温贮藏

将充分冷却的鲜果装入垫入有 0.03 毫米聚乙烯塑料袋的果

箱中，每袋内放猕猴桃保鲜剂一包或放入一些用饱和高锰酸钾溶液浸泡过的碎砖块，用橡皮筋扎紧袋口，放于阴凉的房间或地下，每隔半个月检查一次。适用于冷凉地区少量存放。

塑料袋一般采用50厘米×35厘米×15厘米规格，每袋装2.5千克为宜。为防止猕猴桃发酵变质，用抗氧化剂0.2%赤藻糖酸钠溶液浸果3~5分钟，晾干后装在聚乙烯袋内，可提高贮藏效果。

二、沙藏

适用于个体经营者短期贮藏，是一种简单易行的贮藏方法。

选择阴凉、地势平坦处，铺15厘米厚的干净细沙，然后一层猕猴桃一层沙子排放。一层沙子的厚度约5厘米，果与果之间约有1厘米间隙，厚度1.2~1.5厘米，外盖10~20厘米湿沙，以保温保湿。沙子湿度要求以手握成团，手松微散为宜。此法可使猕猴桃放置2个月左右。

应注意的是，10天左右检查一次果品质量，及时剔除次果、坏果，以免相互感染，使病情蔓延。检查时间以气温较低的清晨为好。

三、松针沙藏

将采收的果实放在冷凉处过夜降温，然后把果实放入铺有松针和湿沙的木箱或筐中，一层果实一层松针和沙，放在阴凉通风处。

四、土窑贮藏

土窑贮藏技术是一种结构简单、建造方便的节能贮藏设施，但是无法精确控制温度。

选择地势高、地下水位低、土质坚实、干燥的地方建窑，窑门最面向北或西北方向。窑门宽1.2~1.5米，高2~2.5米。

每次贮藏前和结束后，对窑洞进行彻底清扫、通风，把使

用器具搬到洞外晾晒消毒。一般可采用硫黄燃烧熏蒸,用量为
5~10 克/平方米,药剂在库内要分点施放或者按每 100 立方米
容积用 1%~2%甲醛 3 千克或漂白粉溶液对库内地面和墙壁进行
均匀喷洒消毒。

消毒时,将贮藏所用的包装容器、材料等一并放入库内,
密闭 1~2 天,然后开启门窗通风 1~3 天,之后方可入贮猕
猴桃。

五、通风库贮藏

通风库是在良好的绝热建筑和灵活的通风设备的情况下,
利用库内外温度的差异,以通风换气的方式来保持库内低温的
一种场所。

选在交通方便、接近产地或销售的地方。库房宽度 7~10
米,长度不限,高度 3.5~4.5 米。库顶有抽风道,屋檐有通风
窗,地下有进风道,构成循环系统 (图 7-2)。

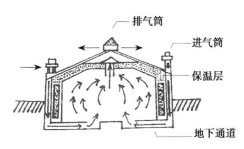

图 7-2 通风库剖面

果实入库前 2~3 周,库房用硫黄熏蒸消毒。采用堆贮和架
贮两种形式。

入库后 1~2 周以降温排湿为主,除雨天、雾天外,打开所
有通风窗,加强通风,温度控制在 10℃ 以下,相对湿度
85%~90%。

贮藏后期的库房管理主要是降温,夜间开窗通风,日出前

关上门窗和通风窗，以阻止外部热空气进入。

六、保鲜剂贮藏

可使用 SM-8 保鲜剂，防止果实腐烂、失水和软化，保鲜效果良好。

果实采收后立即用 SM-8 保鲜剂 8 倍稀释液浸果，晾干后装筐，每筐净重 12.5 千克左右，码放存贮于通风库中，晚上打开进气扇和排风扇通风排气，将库温控制在 16.2~20℃，相对湿度在 78%~95%。贮藏前期和后期库温较高时，每隔 8 小时开紫外灯 30 分钟，利用产生的臭氧清除乙烯，同时臭氧也具有强烈的灭菌作用。经过 SM-8 保鲜剂处理过的果实可贮藏 160 天，好果率达 90%，果肉仍保持鲜绿，而且色、香、味俱佳。

七、冷库贮藏

是目前果蔬贮藏的一种较好的贮藏方式。

（一）果品处理

作为存贮果品的采收指标一般以果肉的可溶性固形物含量 6.5%~8.0% 时采果较为适宜，过早或过晚采收都对贮藏不利。

采收后应立即进行初选分装，伤残果、畸形果、病虫果和劣质果都不得入库贮藏。从采收到入库降温一般不超过 48 小时。

（二）库温控制

最适贮藏温度一般在 0℃ 左右，在果品入库之前库温应稳定控制在 0℃ 左右。一次入库果品不宜过多，一般以库容总量的 10%~15% 为好，这样不致引起库温明显升高，有利于猕猴桃的长期贮藏。

（三）湿度控制

适合猕猴桃贮藏的相对湿度为 90%~98%。

（四）通风换气

冷库内果实通过呼吸作用释放出大量二氧化碳和其他有害气体，如乙烯等，当这些气体积累到一定浓度就会促使果实成熟衰老。因此，必须通风换气，降低气体的催熟作用。一般通风时间应选在早晨，雨天、雾天外界湿度大时，不宜换气。

（五）检测和记录

果实入库后要经常检查果品质量、温度和湿度变化、鼠害情况以及其他异常现象等，并做好记录，出现问题及时处理。

在冷库贮藏的基础上加装 1 台乙烯脱除器，将库内乙烯浓度降低至阀值（0.02 毫克/千克）以下，为低乙烯冷库，可以更好的保持果实外观鲜艳饱满，风味正常。

八、气调贮藏

是在冷藏的基础上，把果蔬放在特殊的密封库房内，同时改变贮藏环境气体成分的一种贮藏方法。

在贮藏过程中适当降低温度、控制相对湿度、减少氧气含量、提高二氧化碳浓度，可以大幅度降低果实的呼吸强度和自我消耗，抑制催熟激素乙烯的生成，延缓果实的衰老，达到长期保鲜贮藏的目的。目前国际市场上的优质猕猴桃鲜果几乎全都采用了气调保鲜技术。

九、保鲜袋贮藏

（一）硅窗袋贮藏

一般每袋贮果 5～10 千克，薄膜厚 0.03～0.05 毫米，比较适合个体户少量贮藏。方法是选择成熟度适中的无伤硬果放入袋内，置于阴凉处、过夜降温后放入少量乙烯吸收剂，扎紧袋口放在低温处贮藏。

（二）塑料薄膜袋

也可选用 0.03～0.05 毫米厚的聚乙烯薄膜自行加工保鲜袋，

方法与硅窗袋相似。

第七节　猕猴桃保鲜技术

猕猴桃果实的商品化处理有一系列的处理措施，其流程如图7-3所示。

选择适宜采收期→无伤采果←采前准备
↓
弃去腐烂果←果园初选←次果处理
↓
装箱→运至加工厂
↓
减震运输
↓
气调贮藏
↓
精细管理
↓
出库、分级、包装
↓
低温减震运输
↓
销售

图7-3　猕猴桃果实的商品化处理流程

一、果实包装处理

合理的包装是果实商品化、标准化、安全运输和贮藏的重要措施。科学的包装可减少果实在搬运、装卸过程中造成的机械损伤，使果实安全运输到目的地。同时，还可减少果实腐烂程度，延长贮藏寿命。因此，合理的包装处理在果实贮运中起着重要的作用。

包装材料质地要坚固、轻便，容器大小、重量要适合，便于运输和堆码；容器内部要光滑，以避免刺破内包装和果品；容器不要过于密封，应使内部果品与外界有一定的气体和热量交换。包装容器要美观、方便，对顾客有一定吸引力。

目前我国生产上一般采用硬纸盒、硬纸箱包装，也有用木条箱和塑料箱等。在箱底铺垫柔软的纸张或辅以 PE、PVC 塑料保鲜膜贮藏。国家农产品保鲜工程技术研究中心（天津）研制生产的 PE、PVC 防结露保鲜膜，具有良好的透气性、透湿性，对猕猴桃的贮藏保鲜作用效果良好。

二、果实运输

果实收获后，除极少数就地供应销售外，大量的需要转运至贮藏库、加工厂、人口集中的城市、工矿区及集市贸易中心进行贮藏、加工和销售。运输的基本要求如下。

（一）快装快运

果实采摘后应及时装运，尽量缩短产品在产地和运输途中的滞留时间。

（二）轻装轻卸

猕猴桃含水量高、组织脆嫩、遭受损伤易腐烂，在装卸过程中要加强管理，严格要求，必须做到轻装轻卸，精细操作，确保果实完好无损。

（三）防热防冻

保鲜贮运的适宜温度为 0~2℃，冰点在-2℃左右。

三、果实保鲜技术

研究表明，猕猴桃果实品种之间耐贮性差异很大。耐贮性好的品种一般可以贮藏 4~5 个月，最长可达半年以上。

猕猴桃贮藏的适宜温度 0~1℃，相对湿度 90%~95%，气调时氧含量为 2%~4%、二氧化碳含量为 5%。

四、猕猴桃贮藏期病害及防治

（一）猕猴桃软腐病

发生在果实后熟期。果实内部发生软腐，失去使用价值，常造成很大的经济损失。

（1）症状。果实后熟末期，果皮出现小指头大小的凹陷。剥开凹陷部的表皮，病部中心部呈乳白色，周围呈黄绿色，外围深绿色呈环状，果肉软腐（图7-4）。

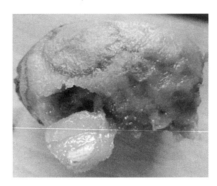

图7-4 猕猴桃软腐病

（2）防治。彻底清园，缩短后熟期，后熟期温度尽量控制在15℃以下。从5月下旬开花期开始到7月下旬，喷施70%甲基硫菌灵可湿性粉剂2 000倍液3~4次，有良好的防治效果，并可兼治灰霉菌引起的花腐病。

（二）猕猴桃青霉病

是贮运期常见病害，在0℃时也可出现腐烂。

（1）症状。初期感病果实表面出现水渍状斑，褐色软腐，3天后其上长出白色霉层，随着白色霉层向外扩展，病斑中间生出黑色粉状霉层。

（2）防治。轻拿轻放，减少果面损伤；应用仲丁胺防腐剂，效果较好。

（三）猕猴桃软化

猕猴桃软化是影响贮藏的主要问题之一，也是引起果实腐烂的因素。其防治方法如下。

1. 采后及时预冷

猕猴桃采后最好能及时预冷，预冷分为强风冷却、冰水冷却和真空预冷却等方式。在采后 8 ~ 12 小时内用强制冷却的方式，将果实温度降至 0℃，并在包装前维持恒温。运输时应采用机械冷藏车和保温车，这是延缓果实软化最有效的方法。

2. 小包装箱内衬聚乙烯膜袋

经预冷的猕猴桃以小包装的形式（木箱或瓦楞纸箱，箱壁打孔，每箱 10 ~ 15 千克），内衬聚乙烯（0.04 ~ 0.07 毫米）薄膜或用硅窗气调保鲜袋单层包装，可保持高湿和 5% 左右二氧化碳浓度，这样有利于快速降温和长期贮藏。

3. 放置乙烯吸收剂

猕猴桃对乙烯极敏感，在乙烯浓度极低（0.2 毫克/千克）的情况下，即使在 0℃ 条件下冷藏，也会加快果实软化，促使猕猴桃成熟与衰老。因此，在装有猕猴桃的聚乙烯薄膜袋内加入一定量（0.5% ~ 1%）的乙烯吸收剂，可延缓猕猴桃的衰老。

第八章　猕猴桃加工技术

第一节　猕猴桃果脯加工技术

猕猴桃果脯（图 8-1）在制作过程中，技术要求比较高，要根据当地的具体情况采取具体措施，本书介绍的方法可为生产者提供参考。

图 8-1　猕猴桃果脯

一、工艺流程

原料分选→清洗→去皮→切片→烫漂→糖渍→糖煮→干燥→整形→包装

二、操作技术要点

（1）原料分选。选用八成半成熟的果实，果实要有一定的硬度，无病虫害、霉烂变质。

（2）清洗。用流动自来水将猕猴桃表面的泥沙及污物洗涤干净。

（3）去皮。用 80~90℃ 的浓碱液浸泡 30~60 秒去皮，然后迅速用自来水冲洗掉果实上的残留皮屑和碱液，并用 1% 的盐酸溶液浸泡以中和残留的碱液。

（4）切片。将猕猴桃果实横切成厚度为 5~6 毫米的薄片，并浸入 1%~2% 的盐水中，以抑制氧化酶的活性。

（5）烫漂。将猕猴桃片在沸水中烫漂 2 分钟左右，以杀灭氧化酶活性，并迅速用自来水冷却。

（6）糖渍。沥干水分的猕猴桃片，用白砂糖糖渍 20~24 小时，砂糖用量为称猴桃片重的 40%，砂糖在上、中、下层的分布比例为 5：3：2。

（7）糖煮。取出糖渍好的猕猴桃片，沥干糖液，在糖液内加入砂糖，使含糖量达到 65% 左右，煮沸后加入糖渍过的猕猴桃片，再次煮沸 25~30 分钟。当糖液含糖量达到 70%~75% 时，取出果片沥干糖液。

（8）干燥。将糖煮过的果片，放在竹筛网（或不锈钢丝网）上，在 55℃ 左右的烘房内干燥 24 小时左右。

（9）整形包装。干燥后的果脯片需压平，然后用玻璃纸或聚乙烯薄膜包装。

第二节 猕猴桃果酱加工技术

用猕猴桃果实制果酱的利用率高达 90% 以上，果酱营养丰富，甜酸适度，有良好的开胃生津效果，极受消费者欢迎。

一、技术要求

（1）感官指标。色泽呈黄绿色或黄褐色，有光泽，均匀一致。口感具有猕猴桃酱所特有的风味，无焦煳味，无异味。形态为蒸制酱体呈胶黏状，带种子，保持部分果块，置于水面上允许徐徐流散，不得分泌汁液，无糖结晶。不允许有杂质存在。

（2）物理生化指标。每罐净重允许公差±3%，但每批平均不低于标明的净重。总糖量不低于57%（按转化糖计），可溶性固形物不低于65%（按折光计）。

（3）微生物指标。无致病病菌及因微生物作用而引起的腐败征象。

（4）罐型。旋口玻璃瓶或铁罐。

二、工艺流程

选果→清洗、消毒→去皮→破碎→软化→加糖浓缩→装罐、封罐→杀菌→冷却→擦罐入库→包装→贮运

三、操作技术要点

（1）原料选择。加工果酱的猕猴桃果实要求果心较小，种子较少，含有丰富的果胶物质和有机酸，果肉甜酸适度，芳香味浓，颜色一致，成熟良好。果肉颜色不同的果实，应分别进行加工。要剔除腐烂变质果、硬果及成熟过度果。

（2）原料清洗。先用1%的漂白粉溶液或0.1%的高锰酸钾溶液进行消毒处理，再用清水彻底清洗。

（3）去皮。可用人工法将果实切开，用勺子将果肉挖出；也可用化学去皮法，将10%~25%的氢氧化钠溶液煮沸，放入洗净的果实，浸泡1~2分钟，冲洗去皮以后再放入1%的盐酸溶液中，常温下处理30秒，立即用流水冲洗10分钟。

（4）打浆软化或破碎软化。

①打浆软化是将果实去皮后，倒入打浆机中进行打浆。打浆机的筛板应根据留籽或去籽的加工要求进行选择。将果浆倒入夹层锅中，再加入75%的糖浆进行软化（10~15分钟），这样可制成全泥状果酱。

②破碎软化是将洗净去皮的果实，用破碎机破碎成小碎块，然后倒入夹层锅中加入糖液软化，这样可制成块状果酱。

（5）浓缩。浓缩包括常压浓缩和真空浓缩两种方法。常压

浓缩是把果酱倒入夹层锅后，再加适量 75%的糖液（须先经过滤），然后加热，并不断搅拌，以便加速蒸发和避免发生焦糊。浓缩时蒸汽压力为 245～294 千帕，浓缩时间为 30 分钟左右。浓缩时间过长，易使果酱颜色变褐，凝胶能力降低，贮藏期蔗糖返沙。

在有条件的厂中，可将原料用泵打入真空浓缩锅内，在减压低温条件下进行蒸发浓缩，能有效地避免养分的损失。为了提高果酱的质量，可添加适量的果胶，使色泽和风味有所提高。真空浓缩的配料为：果酱 100 千克、白糖 100 千克或 75%的糖水 135 千克、真空浓缩锅的真空度约 80 千帕（600 毫米汞柱），浓缩到 65%～66%（用折光计测）出锅，再加热到 100℃左右，以后保温在 90℃以上。

（6）装罐。用经消毒的四旋瓶装酱，酱温不能低于 86.5℃，趁热封罐，注意勿外溅污染瓶口。

（7）杀菌及冷却。玻璃瓶封口后应在 100℃条件下立即杀菌 20 分钟，分段冷却，以防玻璃瓶炸裂。

（8）擦罐、入库。将杀菌后的玻璃瓶擦净入库。

第三节　猕猴桃果汁加工技术

猕猴桃果汁是极受市场欢迎的保健饮料，用猕猴桃果汁还可以加工浓缩果汁、果酒、汽水、果冻、果晶等多种产品。

一、技术要求

（1）感官指标。色泽呈黄绿色或浅黄色。口感具有猕猴桃汁特有的风味，酸甜适度，无异味。形态为汁液均匀混浊，静置后允许有沉淀，但摇动后仍呈均匀状态。不允许有杂质存在。

（2）物理生化指标。每罐净重为 200 克或 250 克，允许公差 ±3%，但每批平均不低于净重。可溶性固形物为 11%～15%，总酸 0.3%～1%（以柠檬酸计），原果汁含量不低于 40%。

（3）微生物指标。无致病病菌及因微生物作用而引起的腐败征象。

（4）罐型。采用 QB 221—1976 马口铁罐型规格系列标准。

二、工艺流程

选果→清洗、消毒→去皮→破碎、打浆→榨汁→过滤→调配→加热→装罐→封罐→杀菌→冷却→擦罐入库包装→贮运

三、操作技术要点

（1）原料选择。要求果实成熟度达八九成，新鲜完好，色泽正常，无病虫果和烂果。

（2）原料清洗。先用 1%漂白粉溶液或 0.1%的高锰酸钾溶液进行消毒，清除虫卵及微生物，再用清水清洗几次。

（3）去皮。可用人工法将果实切开，用勺子将果肉挖出；也可用化学去皮法，将 10%~25%的氢氧化钠溶液煮沸，放入洗净的果实，浸泡 1~2 分钟，冲洗去皮以后再放入 1%的盐酸溶液中，常温下处理 30 秒，立即用流水冲洗 10 分钟。

（4）破碎、打浆。将去皮的果实在破碎机中破碎或在打浆机中打浆。

（5）榨汁。把破碎成浆的果实加热到 60~65℃，放入榨汁机中榨汁（立式压汁机），榨汁时如果在果浆中加入适量的果胶分解酶可使出汁率由 55%提高到 60%。

（6）过滤。在过滤机中过滤或用平板布过滤，把果汁中的残籽或果肉滤出。这时果汁混浊，若在低温下冷冻，吸取上清液便得到澄清果汁。若需制混浊果汁，则把滤出的混浊果汁在真空脱气罐中进行脱气，使果汁色泽不变，然后用高压均质机进行均质，使果汁中的细小颗粒进一步细碎，促使果汁溶出，使果胶与果汁亲和，保持果汁的混浊度。

（7）调配。按原果汁含量的 40%加白砂糖配成可溶性固形物为 35%以上的果汁。

（8）加热。将调配好的果汁通过灭菌器加热。

（9）装罐。当果汁温度在 70～80℃时，应当迅速装入罐或瓶（罐、瓶必须提前清洗干净和消毒）。

（10）封罐。趁热将罐封口，真空度要求 46.7 千帕（350 毫米汞柱）以上，要封口良好。

（11）杀菌及冷却。装罐密封后立即杀菌 8～15 分钟（100℃），杀菌后冷却到40℃时取出。

（12）擦罐、入库。冷却后将罐擦干净入库。

第四节　猕猴桃罐头加工技术

一、工艺流程

原料选择→清洗→去皮→修整→预煮→装罐→排气→密封→杀菌→冷却→检验→贴标→成品

二、加工技术要点

（1）原料选择与清洗处理。选用七八成熟、果实个体大小较均匀的中等果实为原料，剔除烂果、过大过小果、病虫果、机械伤及畸形果。品种以老皮绿肉为好，用清水清洗干净，晾干备用。

（2）去皮、修整。将清洗干净的果实投入煮沸的烧碱溶液（10%～15%）中浸泡 2～3 分钟，待果皮由黄褐变黑并产生裂缝时，用笊篱捞出。戴上橡皮手套，用双手轻轻搓去果皮，然后置于清水中不断清洗，除去碱味。用不锈钢刀挖去花萼、果蒂，去除残余果皮及斑疤，并按色泽和大小分级。

（3）预煮。将去皮修整后的果肉放在沸水中预煮 3～4 分钟，捞出后迅速冷却。

（4）糖水配制。65 升清水加 35 千克白糖，加热煮沸后用绒布或 4 层纱布过滤。用柠檬酸调 pH 值为 4，糖水温度保持在

80℃以上。糖水随用随配，不得积压。

（5）装罐。选色泽一致、大小均匀的果块装罐，然后加入糖水，罐内留2~3毫米的顶隙，罐盖与胶圈须用100℃热水烫煮消毒5分钟。装罐后，放入排气箱内进行排气，蒸汽温度98~100℃，排气10~12分钟，至罐中心温度达到80℃以上时封盖。如无排气箱，也可用蒸锅代替。排气温度和排气时间要妥善掌握。封盖后立即杀菌，即5分钟内使杀菌锅内的温度上升到100℃，并在此条件下保持18分钟。

第五节　猕猴桃酒加工技术

猕猴桃果酒，是一种低度酒，一般酒精度为12°左右，较甜，具有猕猴桃特有的果香和醇香，是老少皆宜的产品。

一、工艺流程

选果→清洗、消毒→破碎→主发酵→压榨分离→后发酵→陈酿→调配→过滤→装瓶→成品

二、操作技术要点

（1）原料选择。原料需要充分成熟发软且有猕猴桃浓香味的果实，剔除腐烂变质、病虫果及未熟果。

（2）清洗。用清水洗去果实上的泥沙、虫卵及其他杂质。

（3）破碎。将洗净的果实在破碎机内破碎成浆状或糊状。

（4）主发酵。把已破碎的果浆，倒入或泵入经过消毒的发酵池或缸内，加入5%的酒母糖液，搅拌均匀，发酵温度维持在25~28℃，每天搅拌2次（上、下午各1次），使发酵均匀。当残糖下降到1%时，即可进行压榨分离。

（5）压榨。主发酵结束后进行压榨，使皮渣与酒液分离。压榨后的皮渣，还可进行2次发酵，蒸馏白酒或称"白兰地"。

（6）后发酵。酒液转入后发酵，当酒度达到12°时，再加入

适量砂糖，在 20~25℃条件下，进行 30 天左右的后发酵，之后可转入陈酿。

（7）陈酿。后发酵结束后酒液不清，不容易沉淀，此时可将酒液倒入池或缸中，调整酒度到 16°左右，置于 15~18℃的室温下进行陈酿，翌年 2 月进行倒池或倒缸，年底即可调配成成品酒。

（8）调配过滤。调配酒度可按 12°~16°调配，经过滤后，要求酒液透明。

（9）装瓶。将酒装入已经消毒好的瓶中，装后立即压盖密封。

（10）包装成品。通过检查质量合格的猕猴桃酒，贴上商标，作为成品销售。

第九章　猕猴桃病害诊断及绿色防控

第一节　猕猴桃细菌性溃疡病

猕猴桃细菌性溃疡病是一种严重威胁猕猴桃生产的毁灭性病害，被列为全国森林植物检疫对象。此病来势凶猛，流行年份致使全园濒于毁灭，造成重大经济损失。

【为害与诊断】

猕猴桃细菌性溃疡病不仅可造成产量降低，而且导致果皮变厚、果味变酸、果实变小、果形不一、品质下降、商品价值降低。

（1）枝干症状。病菌能够侵染至木质部造成局部溃疡腐烂，影响养分的输送和吸收，造成树势衰弱，流出白色至红褐色菌脓，严重时可环绕茎秆引起，形成龟裂斑，甚至致使树体死亡（图9-1）。

（2）叶部症状。在新生叶片上呈现褪绿小点，水渍状，后发展成不规则形或多角形、褐色斑点，病斑周围有较宽的黄色晕圈。在连续低温阴雨的条件下，因病斑扩展很快，有也不产生黄色晕圈。严重时，叶片卷曲成杯状（图9-2）。

猕猴桃细菌性溃疡病的病菌从气孔、水孔、皮孔、伤口（虫伤、刀伤、冻伤等）等进入植株体内裂殖。传播途径主要是借风、雨、嫁接等活动进行近距离传播，并通过苗木、接穗的运输进行远距离传播。

猕猴桃细菌性溃疡病病菌对高温适应性差，在气温5℃时开始繁殖，15~25℃是生长最适宜温度，在感病后7天即可见明显病

图 9-1 猕猴桃溃疡病

图 9-2 叶片溃疡病染病状态

症，30℃时短时间也可繁殖。所以容易在冷凉、湿润地区发生并造成大的为害。2月初在多年生枝干上出现菌脓白点，自粗皮、皮孔、剪口、裂皮等伤口溢出，并迅速扩散变乳白色，然后变红褐色。3月末以后，溢出的菌脓增多，病部组织软腐变黑，枝干出现溃疡斑或整株枯死，成熟新叶出现褐色病斑，周围组织有黄色晕圈。6月后发病减轻，夏、秋、冬季处于潜伏状态。

【发生规律】

（1）叶片发病规律。叶部感病，先形成红色小点，外围有不明显的黄色晕圈。后扩大为不规则的暗绿色病斑，叶色浓绿，黄色晕圈明显。在潮湿条件下迅速扩大成水渍状大斑，受叶脉限制呈多角形。秋季产生的病斑呈暗紫色或暗褐色，晕圈较窄（图9-3）。

（2）枝干发病规律。溃疡病多从茎蔓的幼芽、皮孔、落叶痕、枝条分叉部开始，初呈水渍状，后病斑扩大，色加深，皮层与木质部分离，手压感觉松软。后期病部皮层呈纵向线状龟裂，流出青白色黏液，后转为红褐色。

病斑绕茎迅速扩展，病茎横切面可见皮层和髓部变褐色，髓部充满白色菌脓（图9-4）。受害茎蔓上部枝叶萎蔫死亡。

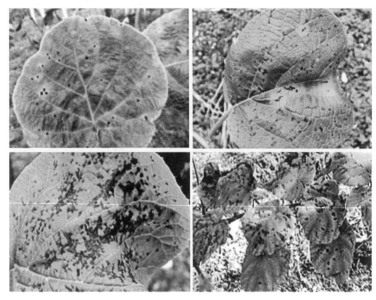

图 9-3　猕猴桃细菌性溃疡病叶部发病规律
1. 初期症状 2. 中期症状 3. 潮湿症状 4. 秋季症状

【绿色防控】

（1）病斑处理。此技术主要针对猕猴桃植株的主杆上的溃疡病病斑，目的是减少溃疡病活菌数量及清除发病部位的腐烂组织。

①用具与药剂。工具：小刀、酒精瓶（内装75%酒精）、无菌塑料布条、毛笔等工具；药液：72%的硫酸链霉素可溶粉剂稀释100～200倍液、3%中生菌素可湿性粉剂50～100倍液、6%春雷霉素可湿性粉剂50～100倍液、1%申嗪霉素悬浮剂100～150倍液等。

②实施方案。时间：每年冬季、春季，树干出现病斑、流脓等症状的时期；方法：用消毒后的小刀，刮除猕猴桃树干病斑，包括发病表皮、变色木质部和距病斑边缘0.5厘米左右的

健康表皮，选取上述药液涂抹在刮除部分，然后用无菌塑料布包好。

③注意事项。小刀用完后及时消毒，避免交叉传染；刮除的病部组织要及时带出园区，集中烧毁。

图 9-4 猕猴桃细菌性溃疡病白色菌脓

（2）涂干。此技术主要是针对猕猴桃植株冬季越冬制定的。

①用具与药剂。工具：水桶、刷子等；药剂：涂白剂可自行配制，生石灰 10 份、石硫合剂 2 份、食盐 1~2 份、黏土 2 份、水 35~40 份，也可选商品制剂。

②实施方案。时间：每年采果后对树体进行保护，在 11 月初至 12 月初进行，猕猴桃植株涂干技术的应在冬季修剪、清园后进行；方法：将调制好的涂白剂用刷子均匀地涂抹在冬剪后主干和主蔓上，以覆盖全部主干和主蔓为准，特别是一些树缝隙处。本方法既可防止病菌浸入树干，又可预防树干冬季冻害。

（3）灌根。

①用具与药剂。工具：水桶、量杯、玻璃棒等；药液：72% 的硫酸链霉素可溶粉剂稀释 500~1 000 倍液、3% 中生菌素可湿性粉剂 200~500 倍液、6% 春雷霉素可湿性粉剂 200~500 倍液、36% 三氯溴异氰尿酸可湿性粉剂 300~500 倍液、1% 申嗪霉素悬浮剂 500~1 000 倍液、荧光假单胞杆菌 500 倍液等。

②实施方案。时间：猕猴桃溃疡病重点发生期，4月初至6月；方法：选取以上药剂两种以上，复配制成上述浓度药液。按每棵猕猴桃树3~5升的施药量进行灌根施用，以湿润猕猴桃根系附近土壤为准，发生严重的果园，每15天施用1次。

③注意事项。选择药剂时应选择内吸性较好的药剂，药剂需要交替使用和混合施用。

第二节　猕猴桃褐斑病

猕猴桃褐斑病又称叶斑病，主要为害叶片和枝干，是猕猴桃生长期严重的叶部病害之一。严重时导致叶片大量枯死或提早脱落，影响果实产量和品质。

【为害与诊断】

发病初期，多在叶片边缘产生近圆形暗绿色水渍状斑，在多雨高湿的条件下，病斑迅速扩展，形成大型近圆形或不规则形斑。后期病斑中央为褐色，周围呈灰褐色或灰褐相间，边缘深褐色，其上产生许多黑色小点（图9-5）。

图9-5　猕猴桃褐斑病——叶部病斑

【发生规律】

在多雨高湿条件下，病情发展迅速，病部由褐色变成黑色，引起霉烂。严重时，受害叶片卷曲破裂，干枯易脱落（图9-6、图9-7）。

病菌可以在病残体上越冬，翌年春季萌发新叶后，借助风雨飞溅到嫩叶上，一年内可多次发病。

5—6月为病菌侵染高峰期，病菌从叶背面入侵。7—8月为发病高峰期。高温高湿易发此病。

图9-6 猕猴桃褐斑病

图9-7 猕猴桃褐斑病严重时期

【绿色防控】

（1）农业防治。加强果园管理，清沟排水，增施有机肥，适时修剪，清除病残体。

（2）化学防治。发病初期使用75%百菌清500倍液、25%嘧菌酯1 500倍、68%精甲霜锰锌400倍液，隔5~7天喷1次，连喷2~3次。发病中期使用30%苯甲丙环唑2000倍液，32.5%苯甲嘧菌酯1 500倍液。在采果前30天，用56%嘧菌·百菌清1 000倍液喷1~2次，可延长叶片寿命，提高果实品质。用70%代森锰锌400~800倍液叶面喷施，要均匀周到片片见药或喷洒猕杀粉剂600~800倍液，如发现园内叶片有红蜘蛛，可在药液中加入阿维菌素或阿维甲氰1 500~2 000倍液，兼杀红蜘蛛。

第三节　猕猴桃黄叶病

猕猴桃黄叶病在各地普遍发生，造成严重为害，尤其在地下水位较高的湿地，发病率较高，发病株率占到栽培总株数的20%左右，严重田块发病株率高达30%～50%。

【为害与诊断】

发生黄化病的叶片，除叶脉为淡绿色外，其余部分均发黄失绿（图9-8），叶片小，树势衰弱。严重时叶片发白，外缘卷缩、枯焦，果实外皮黄化，果肉切开呈白色，丧失食用价值，长时间发病还会引起整株树死亡。

图9-8　猕猴桃黄叶病叶部症状

【发生规律】

发病原因发病严重的有5种情况。

（1）进入盛果期的老果园因结果负载量大而发病严重。

（2）以往的上浸地和无法浇灌的干旱果园。

（3）不注意氮、磷、钾及微量元素平衡配套施肥的果园。

（4）忽视防治线虫病、根腐病为害的果园。

（5）管理粗放的果园。

以上几种情况都从根本上导致树势衰弱，根系吸收、输送能力下降而发生黄叶病。

【绿色防控】

（1）农业防治。结合修剪抹芽、疏花疏果，剪除病枝蔓，抹掉病弱芽，合理留花留果，以免果树负载量过大，造成树势衰弱，降低自身抗病能力；注意平衡施肥，结合浇水，在施足氮、磷（磷肥不宜施用过量）肥料的同时注意增施氯化钾或硫酸钾，盛果园每亩 7 千克。

（2）化学防治。中草药保护性杀菌剂靓果安和叶面肥沃丰素配合使用。靓果安重点使用时期：萌芽展叶期、新梢生长期各喷施 1 次（4—5 月）、果实膨大期 6—8 月，每个月全园喷施靓果安效果佳。沃丰素重点使用时期：新梢期、花后、果实膨大期使用，按 500~600 倍液（每 350 毫升对水 200 千克使用）各时期喷施 1 次。

第四节　猕猴桃黑斑病

【为害与诊断】

受害叶背面生出许多点状、团块状至不规则形，黑褐色或灰黑色厚而密的扩散霉层。叶片初期生褪绿的黄色小点，后扩大成圆形至不规则形的黄褐色至深褐色病斑，其上依稀可见许多近黑色小点，一片叶子上有数个或数十个病斑，病斑上有黑色小霉点（图 9-9），后期融合成大病斑（图 9-10）。严重时叶片变黄早落，影响产量。

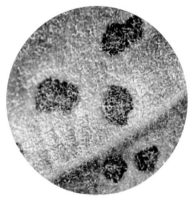

图 9-9　猕猴桃黑斑病　　　　图 9-10　猕猴桃黑斑病
　　　叶部症状　　　　　　　　　中期叶背病斑

【发生规律】

　　病菌在叶片病部或病残组织中越冬，翌年春天猕猴桃开花前后开始发病。进入雨季病情扩展较快，有些地区有些年份可造成较大损失。

　　栽植过密、棚（篱）架低矮、枝叶稠密或疯长而通风透光不良的果园极利于病害的发生与流行。

【绿色防控】

　　（1）农业防治。建园时选用抗病品种，如梅沃德、建宁79D-13等品种（株系）；生产管理上除做好冬剪、夏剪、落叶后清园外，还应注意防止病菌传入。

　　（2）化学防治。对发病植株，在发病初期、中期对全植株喷洒70%甲基硫菌灵可湿性粉剂1 000倍液，或25%多菌灵可湿性粉剂500倍液，或20%三环唑可湿性粉剂1 000倍液。

第五节　猕猴桃轮纹斑病

【为害与诊断】

主要为害叶片，7—8月发生。叶上初生黄褐色小点，后扩展成枯斑，边缘褐色，中部灰褐色，有较明显轮纹。病部生有黑色小粒点（图9-11）。

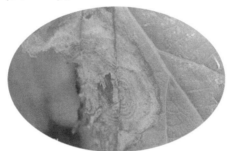

图9-11　猕猴桃轮纹斑病

【发生规律】

病菌在叶片等病残体上越冬，翌年6—8月高温多雨季节进入发病盛期。品种间抗病性有差异。

【绿色防控】

（1）农业防治。重病区选用抗病品种；发病初期，于5—6月及时剪除发病枝条；秋冬认真清园，结合修剪，彻底清除枯枝、落叶，剪除病枝，集中烧毁病残体，消除病源。

（2）化学防治。春季萌芽前喷布1次3~5波美度的石硫合剂。发病初期喷施25%苯菌灵乳油700倍液或50%甲基硫菌灵可湿性粉剂900~1 000倍液、12%松脂酸铜乳油600倍液。

第六节 猕猴桃炭疽病

【为害与诊断】

为害症状一般从猕猴桃叶片边缘开始，初呈水渍状，后变为褐色不规则形病斑。病健交界处明显。病斑后期中间变为灰白色，边缘深褐色。受害叶片边缘卷曲，干燥时叶片易破裂，病斑正面散生许多小黑点（图9-12、图9-13）。

图9-12　生长期果实炭疽病　　图9-13　成熟果实炭疽病

【发生规律】

病菌主要以菌丝体或分生孢子在病残体或芽鳞、腋芽等部位越冬。病菌从伤口、气孔或直接侵入，病菌有潜伏侵染现象。

【绿色防控】

（1）农业防治。注意及时摘心绑蔓，使果园通风透光，合理施用氮、磷、钾肥，提高植株抗病能力，注意雨后排水，防止积水；结合修剪、冬季清园、集中烧毁病残体。

（2）化学防治。在猕猴桃生长期，果园初次出现孢子时，

3~5 天内开始喷药，以后每 10~15 天喷 1 次，连喷 3~5 次。使用药剂有（1∶0.5∶200）波尔多液，0.3 波美度的石硫合剂加 0.1%洗衣粉，50%甲基硫菌灵可湿性粉剂 800~1 000 倍液，65%代森锌可湿性粉剂 500 倍液，50%代森铵水剂 800 倍液。

第七节　猕猴桃灰斑病

【为害与诊断】

　　猕猴桃灰斑病一般从叶片叶缘开始发病，叶片上有灰色病斑，初期病斑呈水渍状褪绿褐斑，随着病情的发展，病斑逐渐沿叶缘迅速纵深扩大，侵染局部或大部叶面。叶面的病斑受叶脉限制，呈不规则状。病斑穿透叶片，叶背病斑呈黑褐色，叶面暗褐至灰褐色，发生较严重的叶片上会产生轮纹状灰斑。发生后期，在叶面病部散生许多小黑点。严重时可造成叶片干枯、早落，影响正常产量（图 9-14）。

图 9-14　猕猴桃灰斑病

【发生规律】

　　病菌在病残体上越冬，在春芽萌发展叶后，随风雨传播到嫩叶背面进行潜伏侵染，在叶片坏死病斑上，进行再次侵染。

　　5—6 月，病菌开始入侵。到 7—8 月叶部症状明显，开始是小病斑，之后逐步扩大，叶片后期干枯，大量落叶。到 8 月下旬开始大量落果。10 月下旬至 11 月开始进入越冬期。被侵染的叶片，抗性减弱，该病原常发生再侵染，所以有时在同一叶片上出现两种病征。

【绿色防控】

（1）农业防治。加强果园管理，合理施肥灌水，增强树势，提高树体抗病力；科学修剪，剪除病残枝及茂密枝，调节通风透光，保持果园适当的温湿度；冬季彻底清园，将地面落叶和枝条清扫干净，集中烧毁。

（2）化学防治。翻土后喷 5~6 波美度石硫合剂于枝蔓。5 月是最佳保护预防期，开花前后各喷 1 次药会减少初侵染。7—8 月，用代森锰锌 1 000 倍液、甲基硫菌灵 800 倍液进行树冠喷雾，进行 2~3 次即可。

第八节　猕猴桃煤烟病

【为害与诊断】

在叶面、枝梢上形成黑色小霉斑，后扩大连片，使整个叶面、嫩梢上布满黑霉层。由于煤烟病病菌种类很多，同一植物上可染上多种病菌，其症状上也略有差异。呈黑色霉层或黑色煤粉层是该病的重要特征（图 9-15）。

【发生规律】

病菌在病部及病落叶上越冬，翌年孢子由风雨、昆虫等传播。寄生到蚜虫、介壳虫等昆虫的分泌物及排泄物上，或植物自身分泌物上，或寄生在寄主上发育。高温多湿，通风不良，蚜虫、介壳虫等害虫发生多且分泌蜜露，均加重发病。

图 9-15　煤烟病

【绿色防控】

（1）农业防治。植株种植不要过密，适当修剪，温室要通风透光良好，以降低湿度，切忌环境湿闷。

（2）化学防治。植物休眠期喷施 3~5 波美度的石硫合剂，消灭越冬病源；该病发生与分泌蜜露的昆虫关系密切，喷药防治蚜虫、介壳虫等是减少发病的主要措施，防治介壳虫还可用松脂合剂 10~20 倍液、石油乳剂等；在喷洒杀虫剂时加入紫药水 10 000 倍液防效较好；对于寄生菌引起的煤烟病，可喷用代森铵。

第九节　猕猴桃花腐病

主要为害猕猴桃的花蕾、花，其次为害幼果和叶片，引起大量落花、落果，还可造成小果和畸形果，严重影响猕猴桃的产量和品质。

【为害与诊断】

受害严重的猕猴桃植株，花蕾不能膨大，花萼变褐，花蕾脱落，花丝变褐腐烂；中度受害植株，花能开放，花瓣呈橙黄色，雄蕊变黑褐色腐烂，雌蕊部分变褐，柱头变黑，阴雨天子房也受感染，有的雌花虽然能授粉受精，但雌蕊基部不膨大，果实不正常，种子少或无种子，受害果大多在花后一周内脱落；轻度受害植株，果实子房膨大，形成畸形果或果实心柱变成褐色，果顶部变褐腐烂，导致套袋后才脱落。受花腐病为害的树挂果少、果小，造成果实空心或果心褐色坏死脱落，不能正常后熟（图9-16、图9-17）。

图9-16　猕猴桃花腐病引起的果实病斑

图9-17　猕猴桃花腐病为害花蕾（左）和花（右）

【发生规律】

受害严重的猕猴桃植株，花蕾不能膨大，花萼变褐，花蕾脱落，花丝变褐腐烂；中等受害植株，花能开放，花瓣呈橙黄色，雄蕊变黑褐色腐烂，雌蕊部分变褐，柱头变黑，阴雨天子房也受感染，有的雌花虽然能授粉受精，但雌蕊基部不膨大，果实不正常，种子少或无种子，受害果大多在花后一周内脱落。

【绿色防控】

（1）农业防治。加强果园土肥管理，提高树体的抗病能力，秋冬季深翻扩穴，增施大量的腐熟有机肥，保持土壤疏松，春季以速效氮肥为主，配合速效磷钾肥和微量元素肥施用，夏季以速效磷钾肥为主，适量配合速效氮肥和微量元素肥；适时中耕除草，改善园地环境，特别在平坝区 5—9 月要保持排水沟渠畅通，降低园地湿度。

（2）化学防治。冬季用 5 波美度石硫合剂对全园进行彻底喷雾，在猕猴桃芽萌动期用 3～5 波美度石硫合剂全园喷雾，展叶期用 65% 的代森锌可湿性粉剂 500 倍液或 50% 退菌特可湿性粉剂 800 倍液或 0.3 波美度的石硫合剂喷洒全树，每 10～15 天喷 1 次。特别是在猕猴桃开花初期要重防 1 次。

第十节　猕猴桃果实熟腐病

【为害与诊断】

在收获的果实一侧出现类似大拇指压痕斑，微微凹陷，褐色，酒窝状，直径大约 5 毫米，其表皮并不破，剥开皮层显出微淡黄色的果肉，病斑边缘呈暗绿色或水渍状，中间常有乳白色的锥形腐烂，数天内可扩展至果肉中间乃至整个果实腐烂（图 9-18）。

【发生规律】

该病菌靠风、雨、气流传播，从修剪造成的枝条伤口感染。

图 9-18　熟腐病

【绿色防控】

（1）农业防治。谢花后 1 周开始幼果套袋，避免侵染；清除修剪下来的枝条和枯枝落叶，集中烧毁，减少病菌寄生场所。

（2）化学防治。从谢花后两周至果实膨大期（5—8 月）向树冠喷布 50% 多菌灵可湿性粉剂 800 倍液或波尔多液（1：0.5：200），或 80% 甲基硫菌灵可湿性粉剂 1 000 倍液，喷洒 2~3 次，喷药期间隔 20 天左右。

第十一节　猕猴桃蒂腐病

【为害与诊断】

受害果起初在果蒂处出现水渍状病斑，以后病斑均匀向下扩展，果肉由果蒂处向下腐烂，蔓延全果，略有透明感，有酒味，病部果皮上长出一层不均匀的绒毛状灰白霉菌，后变为灰色（图 9-19、图 9-20）。

【发生规律】

病菌以分生孢子在病部越冬，通过气流传播。

图 9-19　猕猴桃蒂腐病

图 9-20　蒂腐病在花季期的表现

【绿色防控】

（1）农业防治。搞好冬季清园工作；及时摘除病花，集中烧毁。

（2）化学防治。开花后期和采收前各喷 1 次杀菌剂，如倍量式波尔多液或 65% 代森锌可湿性粉剂 500 倍液；采前用药应尽量使药液喷洒到果蒂处，采后 24 小时内用药剂处理伤口和全果，如用 50% 多菌灵可湿性粉剂 1 000 倍液加 2，4-D 100~200 毫克/千克浸果 1 分钟。

第十二节　猕猴桃秃斑病

【为害与诊断】

秃斑表面若是由外果肉表层细胞愈合形成，比较粗糙，常伴之有龟裂缝；若是由果实表层细胞脱落后留下的内果皮愈合，则秃斑光滑。湿度大时，在病斑上疏生黑色的粒状小点，即病原分生孢子盘。病果不脱落，不易腐烂（图 9-21）。

【发生规律】

病菌先侵染其他寄主后，随风雨吹溅分生孢子萌发侵染。

图 9-21　猕猴桃秃斑病为害果实状

【绿色防控】

（1）农业防治。加强果园管理，增施钾肥，避免偏施氮肥，增强抗病力。

（2）化学防治。发病初期喷施 27% 碱式硫酸铜悬浮剂 600 倍液或 50% 氯溴异清尿酸水溶性粉剂 1 000 倍液、50% 咪鲜胺可湿性粉剂 900 倍液、75% 百菌清可湿性粉剂 600 倍液。

第十三节　猕猴桃褐腐病

【为害与诊断】

受病菌感染的雌花和雄花都会变成褐色枯萎状，常萎蔫下垂，难以开放。发病花器的病残组织与果实接触后可使果实感染病菌，果实受害后，果面形成下陷褐色病斑，上面覆盖白色菌丝体（图 9-22）。

【发生规律】

多雨潮湿，温度较低时，有利于菌核萌发和子囊孢子的形成。土壤黏重的地方，发病也较重。

图 9-22 猕猴桃果实褐腐病前期症状

大量的菌丝体在受害部位变成黑硬的菌核，菌核落到果园后，病菌继续蔓延，在果园中传播。

【绿色防控】

（1）农业防治。加强果园土肥水管理，及时清除树盘周围枯枝落叶并集中烧毁。

（2）化学防治。菌核萌发期、落瓣后及采收前应喷洒 0.5 波美度的石硫合剂或 800 倍液甲基硫菌灵。展叶前后喷施 50% 代森锌可湿性粉剂 500 倍液。

第十四节　猕猴桃疮痂病

【为害与诊断】

为害果实，多在果肩或朝上果面上发生，病斑近圆形，红褐色，较小，突起呈疱疹状，果实上许多病斑连成一片，表面粗糙，似疮痂状。病斑仅发生在表皮组织，不深入果肉，因此，为害较小，但降低商品价值。多在果实生长后期发生（图 9-23）。

图 9-23　猕猴桃疮痂病

【发生规律】

以菌丝体和分生孢子器随病残体遗落土中越冬或越夏，并以分生孢子进行初侵染和再侵染，借雨水溅射传播蔓延。

通常温暖高湿的天气有利发病。

【绿色防控】

（1）农业防治。及时收集病残物烧毁。

（2）化学防治。结合防治其他叶斑病喷施 75% 百菌清可湿性粉剂 1 000 倍液加 70% 甲基硫菌灵可湿性粉剂 1 000 倍液，或 75% 百菌清可湿性粉剂 1 000 倍液加 70% 代森锰锌可湿性粉剂 1 000 倍液，每隔 10 天左右喷施 1 次，连续喷施 2~3 次。

第十五节　猕猴桃膏药病

【为害与诊断】

多与枝干粗皮、裂口、藤肿等症状相伴生，如膏药一样贴在枝干上。病菌表面较光滑，初期呈白色，扩展后为白色或灰色，病菌衰老时通常在枝干部发生龟裂，容易剥离，受害严重的造成树体早衰，枝条干枯（图9-24）。

图 9-24　猕猴桃膏药病

【发生规律】

在患病枝干越冬，翌年春夏之交，在高温多湿条件下形成子实体。

本病多出现于土壤速效硼含量偏低的猕猴桃植株及含硼较低（10毫克/千克以下）的两年生以上的老枝上。本病的发生是土壤和树体缺硼的生理性原因，和弱寄生菌侵染共同作用的结果。

【绿色防控】

土壤施硼（萌芽至抽梢期根际土壤每平方米1克硼砂）和树冠喷硼，以0.2%硼砂液治粗皮、裂皮、藤肿和流胶等现象，减少弱寄生菌侵染的场所。用小刀刮除菌膜，涂抹3波美度石硫合剂或涂三灵膏（凡士林50克，多菌灵2.5克，赤霉素0.05克调匀）。

第十六节　猕猴桃枝枯病

【为害与诊断】

　　主要在树冠外围结果枝出现枝条叶片萎蔫，继而整枝失水枯死，但结果母枝正常。在一个园中，整园或整株发病较少，往往是局部园或一株上局部枝出现枝枯（图9-25）。

图 9-25　猕猴桃发生枝枯病后新梢萎垂状

【发生规律】

　　一般发生在猕猴桃新梢迅速抽生期，即4—5月春夏交替期。此期北方地区在春旱情况下，往往是干热风盛行期，给猕猴桃这种阔叶果树带来一定影响。一般在春季持续性干旱时易诱发此病。发生的两个条件：一是春旱，二是强风。在春旱情况下，若出现6级以上强风，持续5小时以上，猕猴桃树即可发病。4年以上未遮阴封行的幼龄果树发病较重，因为该树龄的树生长势较强，对水分要求较迫切，而根系分布较浅，吸收功能有限，抗旱性相对较差，一旦强风天气出现，发病严重。

【绿色防控】

（1）早摘心。主要针对外围结果枝控制顶端优势，加速枝条木质化，减少迎风面，提高抗风性。

（2）规范绑枝。冬剪后结果母枝必须枝枝绑缚，且排列有序，杜绝交叉、重叠、拥挤，以防结果枝抽生后空间局限，密集生长，遇风移位，增大摩擦，造成伤口，抗风能力下降。

（3）注意灌水。尤其在春旱风害严重情况下，提倡灌水，以减缓强风形成的地面蒸发及叶面蒸腾对树体水分生理平衡的破坏。

第十七节　猕猴桃根腐病

【为害与诊断】

猕猴桃根腐病为毁灭性真菌病害，能造成根颈部和根系腐烂，严重时整株死亡。初期在根颈部出现暗褐色水渍状病斑，逐渐扩大后产生白色绢丝状菌丝。病部皮层和木质部逐渐腐烂，有酒糟气味，菌丝大量发生后经 8~9 天形成菌核，似油菜籽大小，淡黄色。下面的根系逐渐变黑腐烂，地上部叶片变黄脱落，树体萎蔫死亡（图 9-26）。

【发生规律】

病菌在根部病组织皮层内越冬或随病残体在土壤中越冬，病菌在土壤病组织中可存活 1 年以上，病根和土壤中的病菌是翌年的主要侵染源。翌年 4 月开始发病，高温高湿季节发病，由病残体传播，经接触传染。水过多，果园积水，施肥距主根较近或施肥量大，翻地时造成大的根系损伤，栽植过深，土壤板结，挂果量大，土壤养分不足，栽植时苗木带菌，这些情况都容易引发根腐病。

图 9-26　猕猴桃根腐病

【绿色防控】

（1）农业防治。实行高垄栽培，合理排水、灌水，保证果园无积水；及时中耕除草，破除土壤板结，增加土壤通气性，促进根系生长；增施有机肥，提高土壤腐殖质含量，促进根系生长；科学施肥，合理耕作，避免肥害和大的根系损伤；控制负载量，增强树势。

（2）植物检疫。把好苗木检疫关。

（3）化学防治。在早春和夏末进行扒土晾根，刮治病部或截除病根，然后使用青枯立克 300 倍液+海藻生根剂——根基宝 300 倍液进行灌根，小树 1 株灌 7.5～10 千克，大树 1 株灌 15～25 千克。

第十八节　猕猴桃白纹羽病

【为害与诊断】

猕猴桃白纹羽病分布范围广，为害树种很多，是主要根系病害之一。其症状是多从细根开始发病，然后扩展到侧根和主根。病根皮层腐烂，病部表面缠绕有白色或灰白色丝网状物，即根状菌索。后期霉烂根皮层变硬如鞘。有时在病根木质部生有黑色圆形菌核。根际地面有菌丝膜，其上有时有小黑点即病菌的子囊壳。当病部根皮全部腐烂后，在坏死的木质部上形成大量的白色或灰白色放射状菌索。受害植株生长势逐渐衰弱，直至最后死亡（图9-27、图9-28）。

图 9-27　猕猴桃白纹羽病　　　图 9-28　受白纹羽病
　　　　　　　　　　　　　　　　　为害的猕猴桃树

【发生规律】

病菌以菌丝体、根状菌索和菌核随病根在土壤中越冬。温湿度适宜时，菌核或菌索长出新的菌丝，首先侵害新根的幼嫩组织，使幼根腐烂，然后逐渐蔓延到大根。病菌接触传染。

【绿色防控】

（1）农业防治。加强果园肥水管理，增强树势，提高树体抗病性。

（2）化学防治。栽植前，红心猕猴桃苗木用10%硫酸铜溶液，或20%石灰水，或70%甲基硫菌灵可湿性粉剂500倍液浸泡1小时进行消毒。

第十九节　猕猴桃疫霉病

【为害与诊断】

先为害根的外部，受害根皮层呈褐色腐烂状，病部不断扩展，最后整个根颈部环割腐烂，有酒糟味，从而导致整株死亡。树体发病后使萌芽期推迟、叶片枯萎、叶面积小、枝条干枯，为害严重时因影响水分和养分的运输而使植株死亡（图9-29、图9-30）。

图9-29　猕猴桃疫霉病
形成的菌落

图9-30　猕猴桃疫霉病
的果实

【发生规律】

在排水不良的果园以及多雨季节，病菌通过猕猴桃根颈伤口侵染皮层而引起根腐。春天或夏天，根部在土壤中被侵染。

【绿色防控】

（1）农业防治。选择排水良好的土壤建园。防止植株创伤。

（2）化学防治。当植株感病时，在3月或5月中下旬用2 500毫克/升的代森锌或100~200毫克/升的瑞毒霉或1：2：

200 的波尔多液灌根部；挖出病部，刮除病部腐烂组织，并用
0.1%升汞溶液消毒，后涂上波尔多液或石硫合剂原液，两个星
期后再更换新土覆盖。

第二十节　猕猴桃根结线虫病

【为害与诊断】

　　在植株受害嫩根上产生细小肿胀或小瘤，数次感染则变成
大瘤。瘤初期白色，后变为浅褐色，再变为深褐色，最后变成
黑褐色。受根结线虫为害的植株根系发育不良，大量嫩根枯死，
细根呈丛状，根发枝少，且生长短小，对幼树影响较大（图9-
31、图9-32）。

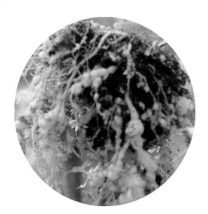

图 9-31　猕猴桃根结线虫病

【发生规律】

　　（1）线虫繁殖生长条件。土壤相对湿度 40% ~ 70%、土壤
温度 0~30℃、土壤 pH 值为 4~8。

　　（2）其他有利条件。雨季有利于线虫孵化和侵染；地势高

图 9-32　狝猴桃根结线虫为害状

燥、土壤质地疏松、盐分低等利于线虫病发生。

（3）自身传播。自身一年能移动 1 米的距离，远距离的传播主要依靠灌水、病土、带病的种子、苗木和其他营养材料及农事操作活动等传播。

【绿色防控】

（1）农业防治。狝猴桃定植地及苗圃地不要利用原来种过葡萄、棉花、番茄及其他果树的苗圃地，最好采用水旱轮作地作苗圃地和定植地，此法对防治根结线虫病效果很好。此外要重视植株的整形修剪，合理密植，改善园内通风透光条件；多施农家肥，改良土壤，提高土壤的通透性。

（2）化学防治。患病轻的种苗可先剪去发病的根，然后将根部浸泡在 1% 的异丙三唑硫磷、克线丹等农药中 1 小时。对可疑有根结线虫的园地，定植前每亩用 10% 克线丹 3~5 千克进行沟施，然后翻入土中。狝猴桃园中发现轻病株可在病树冠下 5~10 厘米的土层撒施 10% 克线丹（每亩撒入 3~5 千克），施药后要浇水。苗圃地发现病株，可用 1.8% 阿维菌素乳油，每亩用 680 克对水 200 升，浇施于耕作层（深 15~20 厘米），效果好，且无残毒遗留，对人畜安全。用 3% 米尔乐颗粒剂撒施、沟施或穴施，每亩用 6~7 千克，药效期长达 2~3 个月。

第二十一节　猕猴桃立枯病

【为害与诊断】

　　该病主要发生在幼苗期，往往在幼苗出现 2~3 片真叶、根颈基部尚未木质化之前发病。苗茎部先出现浸渍状病斑（图 9-33）。

图 9-33　猕猴桃立枯病

【发生规律】

　　病苗多从上土表侵入幼苗的茎基部，发病时，先变成褐色，后成暗褐色，受害严重时，韧皮部被破坏，根部成黑褐色腐烂。此时，病株叶片发黄，植株萎蔫，枯死，但不倒伏。此病菌也可侵染幼株近地面的潮湿叶片，引起叶枯，边缘产生不规则、水渍状、黄褐色至黑褐色大斑，很快波及全叶和叶柄，造成死腐，病部有时可见褐色菌丝体和附着的小菌核。

　　病菌在残留的病株上或土壤中越冬或长期生存。带菌土壤是主要侵染来源，病株残体、肥料也有传病可能，还可通过流水、农具、人畜等传播。

　　菌丝呈蛛网状，围绕寄生的组织。土温在 13~26℃ 都能发病，以 20~24℃ 为适宜。对土壤 pH 值适应范围广，pH 值 2.6~6.9 都能发病。天气潮湿适于病害的大发生，反之，天气干燥病害则不发展。多年连作地发病常较重。

【绿色防控】

（1）农业防治。严格控制苗床及扦插床的浇灌水量，注意及时排水；注意通风；晴天要遮阳，以防土温过高，灼伤苗木，造成伤口，使病菌易于侵染。

（2）化学防治。对被污染的苗床，如继续用于扦插育苗，或用于扦插的其他土壤，在扦插前，可用甲醛进行土壤消毒，每平方米用甲醛 50 毫升，加水 8~12 千克浇灌于土壤中，浇灌后隔 1 周以上方可用于播种栽苗，或用 70% 五氯硝基苯粉剂与 65% 代森锌可湿性粉剂等量混合，处理土壤，每平方米用混合粉剂 8~10 克，撒施土中，并与土拌和均匀。

第二十二节　猕猴桃日灼病

【为害与诊断】

果实上有明显的日晒伤痕（图 9-34、图 9-35）。

【发生规律】

猕猴桃日灼病大多发生在高温季节，气候干燥、持续强烈日照容易发生，尤其是在果实生长后期的 7—9 月，叶幕层薄、叶片稀疏、果实裸露的发生严重。挂果幼园比老果园发生严重。弱树、病树、超负荷挂果的树日灼残果率可达 15%~25%。土壤水分供应不足、修剪过重、果实遮阳面少、保水不良的地块，易发生严重日灼。

图 9-34　猕猴桃日灼病发病初期症状

图 9-35　不同程度日灼受害状

【绿色防控】

（1）夏季修剪在最顶果多留 2~3 片叶，可以遮挡直射太阳光。

（2）有条件的早晚隔几天喷一次水，也可配成果友氨基酸400 倍液，既可降低果园温度，又可快速供给营养。

（3）果园覆盖，可用麦糠或麦草覆盖，如眉县张江成果园直接覆盖行间，减少土壤水分蒸发。

（4）套袋果打开通气孔，通气孔小时可略剪大，利用通气，降低袋内温度，一般可降低 1~2℃。

第十章　猕猴桃虫害诊断及绿色防控

第一节　介壳虫

主要包括桑白蚧和草履蚧，属半翅目。桑白蚧和草履蚧严重影响猕猴桃树的正常生长发育和花芽形成，削弱了猕猴桃树势（图10-1）。

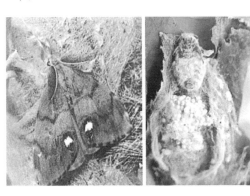

图10-1　草履蚧雌成虫（左）与雄成虫（右）

【为害与诊断】

（1）桑白蚧。雌介壳圆形，直径2.0~2.5毫米，略隆起，壳点黄褐色，在介壳中央略偏；雄介壳细长，白色，长约1毫米。以若虫及雌成虫群集固着在枝干上吸食养分，严重时枝蔓上似挂了一层棉絮（图10-2、图10-3）。

（2）草履蚧。雌成虫长10毫米，褐色，被一层霜状蜡粉，

图 10-2　桑白蚧成虫

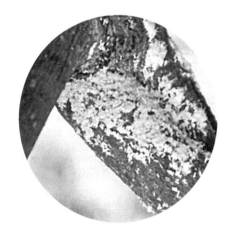

图 10-3　桑白蚧为害状

体扁，呈草鞋底状；雄成虫，长 5~6 毫米，翅淡紫黑色，半
透明。

【发生规律】

（1）桑白蚧。一年发生 2~5 代。雌虫受精后在枝干上越

冬，3 月开始群居于枝干为害，5 月繁殖量增加，为害加重，7 月达到为害最高峰，部分地区至 12 月仍有为害。

（2）草履蚧。每年发生 1 代，以卵在土中越夏和越冬；翌年 1 月下旬至 2 月上旬，开始在土中孵化，孵化期要延续 1 个多月。若虫出土后沿茎上爬至梢部、芽腋或初展新叶的叶腋刺吸为害。5 月羽化为成虫，交配后，雌成虫潜入土中产卵。

【绿色防控】

（1）植物检疫。防止苗木、接穗带虫传播蔓延。

（2）农业防治。剪除病虫枝，改善通风透光条件；加强果园田间管理，促进果树枝条健壮生长，恢复和增强树势。在草履蚧雄虫化蛹期、雌虫产卵期，清除附近墙面虫体。

（3）生物防治。注意保护及利用天敌，如红点唇瓢虫及日本方头甲等。在 5—6 月天敌发生盛期，使用对天敌安全的低毒杀虫剂。

（4）化学防治。

①休眠期防治。春季萌芽前喷 5% 柴油乳剂、95% 溶敌机油乳剂 50 倍液、5 波美度石硫合剂。

②生长期防治。桑白蚧若虫分散转移期（5 月下旬、7 月中旬）25% 噻嗪酮可湿性粉剂 1 000 倍液、12.5% 氰戊·喹硫磷乳油 1 000 倍液、38% 吡虫·噻嗪酮悬浮剂 1 500 倍液、25% 噻虫嗪水分散粒剂 4 000 倍液。杀虫剂应交替施用，每个孵化盛期（若虫分散转移期）是药剂防治的关键时期。连喷 2~3 次药，可有效防止桑白蚧的发生蔓延。

在草履蚧孵化始期后 40 天左右喷药，药剂选择参照桑白蚧。

第二节　叶　蝉

叶蝉是半翅目叶蝉科害虫的总称，俗称浮尘子。在猕猴桃上为害的叶蝉种类有桃一点斑叶蝉、小绿叶蝉（图 10-4、图 10-5）、大青叶蝉、黑尾叶蝉、葡萄斑叶蝉等。

图 10-4　小绿叶蝉成虫　　　　图 10-5　小绿叶蝉若虫

【为害与诊断】

　　叶蝉体小，体长 3～12 毫米，外形似蝉，后腿胫节有刺 2 列，善跳跃，有"横走"的习性。成虫、若虫刺吸植物汁液为害，叶片被害后出现淡白色斑点，而后点连成片，直至全叶苍白枯死。

【发生规律】

　　叶蝉通常以成虫或卵越冬。越冬卵产在寄主组织内。成虫蛰伏于植物枝叶丛间、树皮缝隙里。3 月中下旬，叶蝉开始活动。6 月中旬至 7 月中旬为第一次高峰，9 月上旬开始至 11 月上旬，为第二次高峰，11 月中旬以后，叶蝉开始越冬。成虫、若虫均善走能跳，成虫且可飞行迁徙，具有趋光习性。

【绿色防控】

　　（1）农业防治。冬季清除杂草和枯枝落叶，集中烧毁，以压低越冬虫口密度。

　　（2）物理防治。黑光灯诱杀成虫，可降低下一代虫口发生的基数。

（3）生物防治。保护和利用天敌，如蜘蛛、华姬猎蝽、寄生蜂、小枕异绒螨等。

（4）药剂防治。各代若虫盛发期是化学防治的关键时期。可喷施10%吡虫啉可湿性粉剂1 500倍液、5%啶虫脒乳油2 000倍液、25%噻嗪酮可湿性粉剂1 000倍液、25%噻虫嗪水分散粒剂4 000倍液、0.5%印楝素乳油2 000倍液、40%联苯·噻虫啉悬浮剂2 000倍液、50%烯啶虫胺可溶液剂2 500倍液、50%吡蚜酮水分散粒剂2500倍液、25%丁醚脲悬浮剂5 000倍液。周边的杂草和草坪也要注意喷药兼治。

第三节　吸果夜蛾

吸果夜蛾属鳞翅目夜蛾科害虫，主要以刺吸果实汁液为害。猕猴桃上的吸果夜蛾以嘴壶夜蛾、鸟嘴壶夜蛾和枯叶夜蛾为主。

【为害与诊断】

（1）嘴壶夜蛾。成虫体长18毫米，翅展34~40毫米，头部棕红色，腹部背面灰白色。老熟幼虫长44毫米左右，漆黑色（图10-6、图10-7）。

（2）鸟嘴壶夜蛾。成虫体长23~26毫米，翅展49~51毫米，头部及前胸赤橙色，中、后胸褐色。前翅紫褐色。老熟幼虫体长约46毫米，灰黄色（图10-8、图10-9）。

（3）枯叶夜蛾。成虫体长35~42毫米，翅展约100毫米，前翅灰褐色，后翅黄色。老熟幼虫长60~70毫米，紫红色或灰褐色（图10-10）。

【发生规律】

当果实近成熟期，吸果夜蛾成虫用口器刺破猕猴桃果皮而吮吸果汁。刺孔很小难以察觉，约1周后，刺孔处果皮变黄、

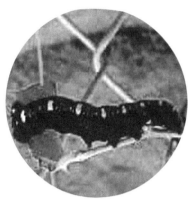

图 10-6 嘴壶夜蛾幼虫

图 10-7 嘴壶夜蛾成虫

图 10-8 鸟嘴壶夜蛾幼虫

图 10-9 鸟嘴壶夜蛾成虫

图 10-10 枯叶夜蛾

凹陷并流出胶液，其后伤口附近软腐，并逐渐扩大为椭圆形水渍状的斑块，最后整个果实腐烂。

吸果夜蛾 1 年发生 3~4 代，以幼虫或成虫越冬。发生时期从 5 月下旬至 11 月中旬，为害高峰期主要在 6 月中下旬、8 月中下旬、9 月中旬至 10 月中旬。主要以第 3 代成虫为害猕猴桃果实。

【绿色防控】

（1）搞好清园。将果园及其四周的木防己、汉防己等杂草连根铲除。

（2）果实套袋。从幼果期始对猕猴桃果进行套袋。

（3）诱杀成虫。利用黑光灯进行诱杀；用 8% 糖和 1% 醋的水溶液加 0.2% 氟化钠配成诱杀液，挂瓶诱杀。

（4）拒避成虫。在每 10 亩猕猴桃园中，设 40 瓦金黄色荧光灯 6 盏，能减轻吸果夜蛾为害。

第四节　金龟子

金龟子是杂食性害虫，属鞘翅目金龟科。幼虫俗称"蛴螬"（图 10-11），是猕猴桃生产中的重要害虫，在我国猕猴桃产区发生普遍，在山地果园普遍受害较严重。为害嫩叶、嫩芽。主要有白星花金龟、苹毛丽金龟、铜绿丽金龟、黑绒鳃金龟。

【为害与诊断】

（1）白星花金龟。成虫体长 16~24 毫米，楠圆形，全身黑铜色，带有绿色或紫色金属光泽，体表散布众多不规则白绒斑。幼虫体长 24~39 毫米，头部褐色，胸足 3 对，身体向腹面弯曲呈"C"字形（图 10-12）。

（2）苹毛丽金龟。成虫体长约 10 毫米，卵圆或长卵圆形。头胸部古铜色、有金属光泽，鞘翅半透明、茶褐色、鞘翅上有

图 10-11　蛴螬

纵列成行的细小点刻（图 10-13）。幼虫体长约 15 毫米，头黄褐色，胸腹部乳白色各节皆有横皱纹，无腹足。

图 10-12　白星花金龟　　　　图 10-13　苹毛丽金龟

（3）铜绿丽金龟。成虫体长约 20 毫米，长椭圆形，全身背面为铜绿色，有金属光泽。幼虫体长约 30 毫米，除头部为黄褐色，其余均为乳白色，身体向腹面弯曲呈"C"字形。

（4）黑绒鳃金龟。成虫体长 8~9 毫米，卵圆形，全身黑色，密披绒毛，有一定的金属光泽。幼虫体长约 15 毫米，头部黄褐色，胸部乳白色，腹部末节腹面有刺。

【发生规律】

金龟子自 4 月下旬至 5 月上旬开始转移到猕猴桃园中为害嫩枝、细叶和花蕾，5 月下旬至 6 月上旬、7 月下旬至 8 月中旬出现两个为害高峰，9 月以后数量极少。金龟子大多种类有昼伏夜出的为害习性。

【绿色防控】

（1）农业防治。秋末深翻土地，消灭部分越冬幼虫和成虫，并进行人工捕捉。

（2）物理防治。利用金龟子的假死性和趋光性，进行振落捕杀，频振灯诱杀。

（3）化学防治。

①蛴螬防治。每公顷用 5% 辛硫磷颗粒剂 30～40 千克 0.5% 阿维菌素颗粒剂 30~40 千克，拌细土撒施。

②成虫防治。最好的防治期在 4 月出土时和 5—7 月，可用 50% 马拉硫磷乳剂 1 000~1 500 倍液喷雾。成虫上树为害期，可用溴氰菊酯喷施防治。

第五节　猕猴桃透翅蛾

猕猴桃透翅蛾属鳞翅目透翅蛾科。中国已知有 40 余种。

【为害与诊断】

猕猴桃透翅蛾双翅狭窄。翅面被稀疏鳞片。喜在白天飞翔，夜间静息。以幼虫蛀食枝蔓内部为害。从蛀孔处排出褐色粪便，被害处膨大肿胀似瘤，叶片变质，果实脱落，最后造成枝蔓死亡（图 10-14）。

图 10-14 猕猴桃透翅蛾幼虫蛀茎

【发生规律】

猕猴桃透翅蛾一般 1 年发生 1 代，以老熟幼虫在粗枝内越冬，3 月起在被害茎干内侧化蛹，4—5 月羽化为成虫。成虫将卵产在当年生枝条叶腋或嫩梢上。幼虫孵化后从叶柄茎部蛀入嫩梢中的髓部向下蛀食，形成孔道，被害处上方嫩梢常枯萎或折断，嫩枝食空后，幼虫向下转移到老枝中继续为害，被害老枝常膨大如瘤状，茎干上有虫孔，常堆积大量虫粪。管理粗放，果树生长不良的果园受害严重。

【绿色防控】

成虫羽化产卵期和幼虫孵化初期，对树干 1 米以下的老树皮、旧羽化孔、被害部位等产卵场所进行刮皮，收集刮下来的树皮、碎屑并集中烧毁，消灭其中的虫卵和初孵出的幼虫；在羽化盛期设置黑光灯诱集成虫；用性诱剂诱杀雄虫。

第六节 苹小卷叶蛾

苹小卷叶蛾属鳞翅目卷叶蛾科。

【为害与诊断】

成虫体长 6～8 毫米，翅展 15～20 毫米，黄褐色（图 10-15）。卵扁平，椭圆形，淡黄色（图 10-16）。初孵幼虫淡绿色（图 10-17），老熟幼虫翠绿色，体长 13～18 毫米，头上黄白色，胸足均是淡黄色。蛹呈黄褐色，长 9～11 毫米（图 10-18）。一般为害猕猴桃嫩叶、花蕾、果实等。

图 10-15　苹小卷叶蛾成虫　　　　图 10-16　苹小卷叶蛾卵

图 10-17　苹小卷叶蛾幼虫　　　　图 10-18　苹小卷叶蛾为害果实

【发生规律】

1 年发生 3～4 代，以二龄幼虫在树干皮下，枯枝落叶上结茧越冬，春天孵化后幼虫主要为害幼芽、嫩叶、花蕾和果实，9—10 月作茧。

【绿色防控】

（1）农业防治。消灭越冬幼虫，摘除叶虫苞烧毁。

（2）生物防治。用松毛虫、赤眼蜂等天敌进行防治。

（3）化学防治。在孵化期喷洒 80% 敌敌畏乳油 400～500 毫克/千克。

第七节　斑衣蜡蝉

斑衣蜡蝉属半翅目害虫。

【为害与诊断】

成虫体长 14～15 毫米，翅展 40～55 毫米，体小，短而宽，全体披有白色蜡粉，前翅基部 2/3 为淡灰褐色，有黑点，端部 1/3 为黑色，后翅臀区 1/3 鲜红色，中部白色，有 7～8 个黑点，端部黑色并有蓝色纵纹，头呈三角形向上翘起。若虫体扁平，初龄若虫黑色有白点，末龄若虫红色有黑斑（图 10-19、图 10-20）。

以成虫、若虫刺吸为害猕猴桃的嫩叶、嫩枝干，排泄出的粪便可造成叶面、果面污染，可造成树体衰弱、树皮枯裂、甚至树体死亡。

【发生规律】

1 年发生 1 代，以卵越冬，翌年 4—5 月孵化，若虫常群集在果树的幼枝和嫩叶背面取食为害，若虫期约 40 天，经过 4 次

图 10-19　斑衣蜡蝉成虫　　　　图 10-20　斑衣蜡蝉幼虫

蜕皮变为成虫。成虫和若虫后腿强劲发达，跳跃自如，爬行较快，可加速躲避人的捕捉。7—8 月是为害果树的高峰期，雌雄虫交尾后，雌虫多将卵块产在树干与枝条分叉的背阴下面，卵块表面外附一层粉状蜡质保护膜。

【绿色防控】

（1）农业防治。春冬修剪剪除虫枝，铲除卵块。

（2）化学防治。6—8 月，全园喷布氯氟氰菊酯，10～15 天喷布一次，杀灭成虫。

第八节　蝽

蝽属半翅目。体形一般为椭圆形或长椭圆形，且略带扁平。口器刺吸式，为害寄主植物的茎叶或果实。其若虫、成虫均能造成为害。被害叶片和嫩茎出现黄褐色斑点，导致叶片提早脱落。被害果实常变成畸形果，受害部位果肉硬化，品质变差。

为害猕猴桃的蝽主要有菜蝽、麻皮蝽、二星蝽、广二星蝽、紫蓝曼蝽、稻棘缘蝽、斑须蝽（图 10-21）和小长蝽等。

【为害与诊断】

（1）菜蝽。菜蝽成虫体长 6~9 毫米，椭圆形，橙黄或橙红色，头黑色，翅的革质部分有橙黄或橙红和黑色相间的色块。足黄、黑相间。

（2）麻皮蝽。麻皮蝽的成虫虫体较大，黑色，密布黑色刻点和细碎的规则黄斑。若虫身体扁洋梨形，前端较窄，后端宽圆，全身侧缘具浅黄色狭边。

（3）二星蝽。体长 4.5~5.6 毫米，宽 3.3~3.8 毫米，背面有 2 个黄白光滑的小圆斑。

图 10-21　斑须蝽的若虫（左）与成虫（右）

【发生规律】

（1）菜蝽。1 年发生 1~2 代，3 月下旬开始活动，4 月下旬交配产卵。5—9 月是成虫与若虫的主要为害时期。具有微弱的趋光性，灯光下常可捕捉到。

（2）麻皮蝽。1 年发生 1~2 代，发生 2 代的地区，越冬成虫 3 月下旬开始出现，4 月下旬至 7 月中旬产卵，第 1 代若虫 5 月上旬至 7 月下旬开始为害；第 2 代 7 月下旬初至 9 月上旬开始为害。有弱趋光性和群集性。

（3）二星蝽。以成虫在杂草丛、枯枝、落叶间越冬。越冬成虫在 3 月下旬开始活动，4 月中旬至 5 月中旬产卵。成虫和若虫均喜阴蔽，多栖息在嫩穗、嫩茎或浓密的叶丛间，遇惊吓即跌落在地面。成虫具有弱趋光性，可在黑光灯下诱捕。

【绿色防控】

（1）农业防治。及时清园，铲除杂草并烧毁，以减少越冬虫基数。对有群集习性的蟓，可在群集时捕捉杀死。

（2）化学防治。可采用50%杀螟硫磷乳油1 000~2 000倍液等药剂，喷洒防治。

（3）物理防治。利用蟓生活习性上的某些弱点，采取相应措施防治。如对有明显假死的蟓，可于出蛰树初期，将其振落捕杀；或于树干上束草，诱集该虫入内越冬，然后将其烧死；对于有集中在树干皮缝中越冬的蟓，则可用刮除树皮或用硬刷刷死的方法进行防治。

第九节　猕猴桃东方小薪甲

【为害与诊断】

成虫体长1.2~1.5毫米，口器为咀嚼式，黑褐色或深红色。主要为害两个相邻果，受害后果面出现针尖大小的孔，果面表皮细胞形成木栓化凸起，受害后有明显小孔而表面下果肉坚硬，使口感变差，没有商品价值（图10-22）。

图10-22　猕猴桃东方小薪甲

【发生规律】

1年发生2代，5月下旬至6月上旬，是为害高峰期。7月中旬出现第2代成虫，此时对猕猴桃为害较轻。

【绿色防控】

5月中旬当猕猴桃花开后及时防治，比往年提前10天，连续喷2次杀虫药，一般间隔10~15天1次。可临时性用5%高效氯氟氰菊酯3 000倍液+柔水通4 000倍液。

第十节　猕猴桃红蜘蛛

【为害与诊断】

猕猴桃红蜘蛛体形非常小，呈主要通过吸食叶片汁液或猕猴桃幼嫩组织为害（图10-23）。受害叶片出现叶缘上卷，叶片褐黄失绿，最后枯黄脱落。为害严重时，叶片焦黄，树势变弱，果实膨大缓慢，形成次果，影响产量。

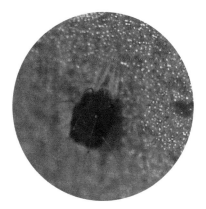

图10-23　猕猴桃红蜘蛛

【发生规律】

猕猴桃红蜘蛛一年多代，一般的从2月中旬开始活动，6月中下旬开始为害，7月中下旬，高温干旱时是为害的高峰期，到8月下旬至9月初，为害逐渐减轻。环境温度低于26℃，猕猴桃红蜘蛛的繁殖会受到抑制，10月底开始越冬。

【绿色防控】

（1）农业防治。加强园内水肥管理，增强树势，提高果树抵抗病虫害的能力、注意冬季清园。

（2）化学防治。在6—8月连续喷药防治2~3次，在6月中旬虫情始发期或发生之前，进行第一次喷药。7月上中旬虫情爆发期进行第二次喷药，8月上旬进行巩固性第三次喷药。冬季全园全株喷施3~5波美度石硫合剂或其他代用品，达到病、虫、卵并杀的目的。

第十一节　桑毛虫

桑毛虫，别名金毛虫、桑斑褐毒蛾、纹白毒蛾。鳞翅目害虫。

【为害与诊断】

成虫白色，体长14~18毫米，翅展36~40毫米。幼虫体长26~40毫米，头黑褐色，体黄色（图10-24）。幼虫食害芽、叶，将叶食成缺刻或孔洞，甚至食光，仅留叶脉。

【发生规律】

1年发生2代，以三龄幼虫在枝干缝隙、落叶中结茧越冬。翌年春天，果树发芽时越冬幼虫破茧而出，为害嫩芽和叶片，5月中旬开始老熟后结茧化蛹，6月上旬羽化，成虫有趋光性，卵

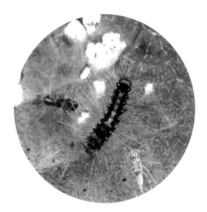

图 10-24 桑毛虫幼虫

产于叶背或枝干上，初孵幼虫群集叶背，取食叶肉，三龄后分散为害叶片，7 月下旬至 8 月上旬羽化为第 1 代成虫，交尾产卵繁殖第 2 代幼虫，幼虫为害至 10 月，以三龄幼虫寻找适宜场所越冬。

【绿色防控】

（1）农业防治。秋季越冬前，在树干上束草，诱集越冬幼虫，冬后出蛰前把草取下，同时采除枝干上的虫茧，放入寄生蜂保护器中，待天敌羽化后，再把草束烧毁。及时摘除卵块，摘除群集幼虫。

（2）化学防治。于幼虫发生期树上施药。

第十二节　猕猴桃蝙蝠蛾

猕猴桃蝙蝠蛾属鳞翅目蝙蝠蛾科，为蛀干性害虫。

【为害与诊断】

成虫体长 32~36 毫米，翅展 69~74 毫米，体灰褐色；头胸密生灰褐色毛，前翅外边缘有 5 个枯叶斑，3 个黄斑。老熟幼虫体长 60~73 毫米。头和前胸黑褐色（图 10-25），受惊后吐出黑褐色的黏液。以幼虫钻蛀枝干为害。

图 10-25　狝猴桃蝙蝠蛾幼虫

【发生规律】

两年发生 1 代，9 月底至 10 月初，以卵在地面草丛中或幼虫在树干蛀道内越冬。翌年 4 月下旬至 5 月上旬孵化，6 月上旬至 9 月下旬为幼虫为害盛期，第三年 4 月中旬至 5 月上旬开始化蛹，成虫于 5 月出现。

【绿色防控】

（1）农业防治。结合修剪，剪除带虫枝蔓并烧毁。

（2）物理防治。5 月雨季后，成虫大量羽化期，到受害狝猴桃蛀孔附近去捕捉成虫；5 月上旬之前有新粪排出，判断蛀食部位后，用铁丝刺杀幼虫、蛹。

（3）化学防治。用棉球蘸敌敌畏、氯氰菊酯药液塞入虫道内，并密封虫道，杀死幼虫。

第十三节　斜纹夜蛾

鳞翅目害虫，又名莲纹夜蛾，俗称夜盗虫、乌头虫等。

【为害与诊断】

成虫体长 14~20 毫米，翅展 35~46 毫米，体暗褐色，前翅灰褐色，花纹多，翅中间有明显的白色斜带纹（图 10-26）；幼虫体长 33~50 毫米，头部黑褐色，胸部颜色多变，背面各节有近似三角形的半月黑斑 1 对。以幼虫咬食叶片、花及果实为害。

图 10-26　斜纹夜蛾

【发生规律】

1 年发生 4~8 代，初孵幼虫具有群集为害的习性，三龄以后则开始分散，老龄幼虫有昼伏性和假死性。成虫具有趋光性和趋化性。

【绿色防控】

（1）农业防治。清除杂草，破坏化蛹场所，减少虫源；摘除卵块和群集为害的初孵幼虫。

（2）物理防治。成虫发生期，用黑光灯、糖醋毒液诱杀成虫。

（3）化学防治。幼虫发生期，喷施 25% 马拉硫磷 1 000 倍液

2~3次，每隔7~10天喷施1次，喷匀喷足。

第十四节 广翅蜡蝉

广翅蜡蝉属于半翅目害虫。为害猕猴桃的种类很多，主要包括八点广翅蜡蝉（图10-27）、柿广翅蜡蝉和眼纹广翅蜡蝉等。

【为害与诊断】

多数广翅蜡蝉在形态上都相似。成虫体长7~15毫米，翅宽阔，不同的种类翅上的斑纹不同。若虫体宽胖、菱形，腹部末端多有各种形态的蜡丝。以成虫和若虫吸取幼嫩部分汁液为害，成虫产卵也会导致枯枝。

图10-27 八点广翅蜡蝉

【发生规律】

八点广翅蜡蝉1年发生1代，以卵于枝条内越冬。5月间陆续孵化，7月下旬开始老熟羽化，8月中旬前后为羽化盛期。8月下旬至10月下旬为产卵期。成虫产卵于当年发生枝木质部内，以直径4~5毫米粗的枝背面光滑处落卵较多，产卵孔排成1纵列，孔外带出部分木丝并覆有白色棉毛状蜡丝，极易发现与识别。

【绿色防控】

（1）农业防治。冬剪时，剪除有卵块的枝条集中处理，减少虫源。

（2）化学防治。可喷施菊酯类及其复配药剂等，均有较好效果。

第十一章　猕猴桃缺素症识别及防治

第一节　缺氮（N）

一、缺素症状

症状首先在老叶上产生，进而扩展到上部幼嫩叶上。叶片颜色逐渐变为浅绿色，甚至完全变黄，后期边缘焦枯，果实变小（图11-1）。

图 11-1　缺氮

二、防治措施

定植时及每年秋冬季施足基肥。5 月底至 7 月，分 2 次追施氮肥，每亩追施有效氮 65～70 千克。生长期叶面喷施 0.3%～0.5% 尿素溶液 2~3 次，每次间隔 7 天。

第二节　缺磷（P）

一、缺素症状

首先从老叶开始出现淡绿色的脉间褪绿，从顶端向叶柄基部扩展。叶片正面逐渐呈紫红色。背面的主、侧脉变红向基部逐渐变深（图11-2）。

图11-2　缺磷

二、防治措施

用过磷酸钙或钙镁磷肥与稀释10～15倍的腐熟有机肥混合作基肥，开沟施入地下；在生长期叶面喷施0.2%～0.3%磷酸二氢钾或1%～3%过磷酸钙水溶液，一般喷施2～3次。

第三节 缺钾（K）

一、缺素症状

初期缺钾，萌芽长势差，叶片小；随着缺钾的加重，叶片边缘向上卷起；后期，叶片从边缘开始褪绿、坏死、焦枯，直至破碎、脱落。缺钾影响果实产量和品质（图11-3）。

图11-3 缺钾

二、防治措施

早期可施用氯化钾补充，每亩用量15~20千克，或施用硝酸钾或硫酸钾，也可叶面喷施0.3%~0.5%硫酸钾，或0.2%~0.3%磷酸二氢钾及10%草木灰浸出液。

第四节　缺钙（Ca）

一、缺素症状

症状多见于刚成熟的叶片上，并逐渐向幼叶扩展。起初，叶基部叶脉颜色暗淡、坏死，逐渐形成坏死斑块，然后质脆、干枯、落叶、枝梢死亡。萌发新芽展开慢，新芽粗糙（图11-4）。

图 11-4　缺钙

二、防治措施

增施有机肥，改良土壤，早春注意浇水，雨季及时排水，适时适量施用氮肥，促进植株对钙的吸收。也可在生长季节叶面喷施 0.3%~0.5% 硝酸钙溶液，每隔 15 天左右喷施 1 次，连喷 3~4 次，最后一次应在采果前 21 天为宜。

第五节 缺镁 (Mg)

一、缺素症状

缺镁一般在植株生长中期出现，先在老叶的叶脉间出现浅黄色失绿症状，失绿症状常起自叶缘并向叶脉扩展，趋向中脉。随缺镁程度的进一步扩展，褪绿部分枯萎。幼叶不出现症状（图11-5）。

图 11-5 缺镁

二、防治措施

轻度缺镁园，可在6—7月叶面喷施1%～2%硫酸镁溶液2～3次。缺镁较重的园可把硫酸镁混入有机肥中施基肥时进行根施，每亩施硫酸镁1～1.5千克。

第六节 缺铁（Fe）

一、缺素症状

首先为幼叶叶脉间失绿，逐渐变成浅黄色和黄白色。严重时，整个叶片、新梢和老叶的叶缘失绿，叶片变薄，容易脱落。植株显得矮小（图11-6）。

图11-6　缺铁

二、防治措施

对于酸碱值过高的果园，可施硫酸亚铁、硫黄粉、硫酸铝或硫酸铵以降低土壤酸碱度，提高有效铁浓度。对于雨后出现缺铁，可采取叶面喷施0.5%硫酸亚铁溶液或0.5%尿素+0.3%硫酸亚铁，每隔7~10天喷1次，先喷2~3次，效果显著。

第七节 缺硼（B）

一、缺素症状

首先在嫩叶近中心处产生小而不规则的黄斑，进而扩张，在中脉两侧形成大面积的黄斑。有时会使未成熟的幼叶加厚，畸形扭曲，严重时节间伸长生长受阻，植株矮化（图11-7）。

图11-7 缺硼

二、防治措施

采取0.1%~0.2%硼砂或硼酸水溶液叶面喷施效果较好（猕猴桃对硼特别敏感，故喷施硼时应特别小心，喷施浓度一般不要超过0.3%，以免造成硼毒害）。轻沙壤土与有机质含量低的土壤，一般也易出现缺硼症，这类土壤以硼肥做基肥施入地下效果更佳。

第八节 缺锌（Zn）

一、缺素症状

新梢出现"小叶症"（图11-8）。老叶上有鲜黄色的脉间褪绿，叶缘更为明显，而叶脉仍保持深绿色，不产生坏死斑。

二、防治措施

结合施基肥，每株结果树混合施硫酸锌0.5~1千克。也可

图 11-8　缺锌

于盛花后 3 周采用 0.2%硫酸锌与 0.3%~0.5%尿素混合喷施叶面，每隔 7~10 天喷 1 次，共喷 2~3 次。

第九节　缺锰（Mn）

一、缺素症状

缺锰症状一般从新叶开始，出现淡绿色至黄色的脉间褪绿。褪绿先从叶缘开始，然后在主脉间扩展并向中脉推进，在脉的两侧留一窄带状绿色部分。当缺锰进一步加重时，除叶脉外，整个叶内都变黄（图 11-9）。

二、防治措施

结合有机肥分期施入氧化锰、氯化锰和硫酸锰等，一般每亩施氧化锰 0.5~1.0 千克，氯化锰或硫酸锰 2~5 千克；叶面喷施 0.1%~0.2%硫酸锰，每隔 5~7 天喷 1 次，共喷 2~3 次，喷施时可加入半量或等量的石灰，以免发生肥害。土壤 pH 值过高

图 11-9　缺锰

引起的缺锰症，可施硫黄粉、硫酸钙和硫酸铵等化合物，以降低土壤酸碱度，提高锰的有效性。

第十节　缺氯（Cl）

一、缺素症状

开始在老叶顶端、主脉和侧脉间分散出现片状失绿，从叶缘向主、侧脉扩展，有时叶缘呈连续带状失绿，并常向下反卷呈杯状。幼叶变小，但并不焦枯，根系生长受阻，离根端 2～3 厘米处组织肿大，常被误认为是根结线虫囊肿（图 11-10）。

二、防治措施

可在盛果期果园施氯化钾，每亩施 10～15 千克，分 2 次施入，间隔 20～30 天。

图 11-10　缺氯

第十一节　缺硫（S）

一、缺素症状

猕猴桃健康叶片硫含量为 0.25% ~ 0.45%，当含量低于0.18%时表现缺硫症状。症状与缺氯相似，生长缓慢，嫩叶呈浅绿色至黄色。不同的是缺硫多发生于幼叶上，老叶仍正常。初期幼叶边缘淡绿或黄色，并逐渐扩大，仅在主、侧脉相连处保持一块呈"楔形"的绿色，最后幼嫩叶全部失绿。与缺氮不同的是，缺硫严重时叶脉也失绿，但不焦枯（图 11-11）。

图 11-11　缺硫

猕猴桃栽培与病虫害绿色防控原色生态图谱

二、防治措施

缺硫一般不容易发生，因为大多数硫酸盐肥料中含有较多硫元素。缺硫时，可通过施硫酸铵、硫酸钾等肥料进行调整，每亩施入 15~20 千克即可，于生长季一次施入，或间隔 1 个月分两次施入。

第十二节　缺铜（Cu）

一、缺素症状

猕猴桃健康叶片铜含量为 10~15 微克/克，当叶片中铜含量低于 3 微克/克时，就会呈现缺铜症状。表现为幼嫩未成熟叶片呈均匀一致的淡绿色，随后脉间失绿加重，最终呈白色，叶脆且无韧性，生长受阻。严重缺铜时，生长点死亡变黑，叶早落，萌芽率低（图 11-12）。

图 11-12　缺铜

二、防治措施

萌芽前土施硫酸铜，也可结合防病叶面喷施波尔多液（但应避免叶面喷施硫酸铜，因猕猴桃对铜盐特别敏感，尤其是早期）。

第十三节　缺钼（Mo）

一、缺素症状

猕猴桃对钼的需求量极低，健康叶片中钼含量仅为 0.04~0.2 微克/克，当叶片中钼含量低于 0.01 微克/克时才会出现缺素症。缺钼可引起树体矮化，果实变小，果味变苦，叶表面缺乏光泽、变脆，初期散生点状黄斑，逐渐发展成外围有黄色圈的褪色斑，可穿孔（图 11-13）。

图 11-13　缺钼

二、防治措施

缺钼情况在猕猴桃园中一般很少见到，尽管如此仍应注意，因为钼的缺乏容易导致树体硝酸盐的异常积累。在缺钼时可叶面喷施 0.1%~0.3%钼酸钾，效果较好。

主要参考文献

谢鸣，张慧琴 . 2018. 猕猴桃高效优质省力化栽培技术 ［M］. 北京：中国农业出版社.

郁俊谊 . 2017. 图说猕猴桃高效栽培：全彩版 ［M］. 北京：机械工业出版社.